文庫

塚越 寛

リストラなしの「年輪経営」

いい会社は「遠きをはかり」
ゆっくり成長

光文社

本書は『リストラなしの「年輪経営」』（二〇〇九年／光文社刊）を加筆修正のうえ、文庫化したものです。

文庫化に寄せて

本書は、二〇〇九年に出版された『リストラなしの「年輪経営」』（光文社刊）を文庫化したものです。文庫化にあたって、新たに書き加えたいことが少しあり、ここでまとめておきたいと思います。

お陰さまで同書は多くの方に手に取って頂き、テレビ番組等メディアにも取り上げて頂けました。弊社の「創業以来四八年間、連続で増収増益」という点が、特に目を惹いたようです。弊社に興味を持って頂けるのはとてもありがたいのですが、その取り上げられ方に、どこか違和感を持ったことも事実です。

増収増益は、そんなに大切なことでしょうか？

大切なのは、社員を始め弊社に関わっている人たちの「幸せ」です。

私が自社に関して誇りに思っていることの一つに、「この二〇年間、会社が嫌で退社した人間はゼロである」ということがあります。増収増益よりも、こちらの方が、価値のあることではないでしょうか？

ニュースでは企業の人員削減・人員不足が日々、報じられていますが、過度な成長を追わず年輪経営を貫く弊社は、そのどちらとも無縁です。社員はみんな安心して幸せそうに働いており、社員たちの笑顔は私を幸せにしてくれます。

例えば、丸の内や霞が関で出世することも幸せの一つでしょう。

昨今では、「海外で勝負できる実力をつけるべき」とか、「自ら起業し、経営者になるべき」といったことが声高に唱えられ、そういった価値観をどこか全員に強いているような印象もあります。

ですが、それができるのはごく一握りで、みんなができるわけじゃない。特別優秀な人だけが、リーダーとしてやっていけばいいことなのです。

普通の庶民は、安定していることが幸せなのです。安定して、安心して、人生を送る。ささやかでも小さいといわれても、みんな、家庭内での幸せを求めるものなのです。それの何がいけないのでしょうか？

「若者は海外を目指せ！」等々、いろいろな論調がありますが、そんなのはエリートのやることです。何度も例に出して恐縮ですが、丸の内や霞が関で働くような人たちには、ぜひともそういう気概をもってほしいと思いますし、私が言わずとも、昔から日本のエリートたちはそんなことをやっていたのです。いつの時代も変わりません。

人は幸せな人生を送るために生きているのです。会社を存続させるために生きているのではありません。目的と手段を取り違えては、大変なことになります。実際、「ブラック企業」問題に代表されるように、会社が原因で不幸になる人は増えているように見えます。

「夢中で働かないといけない」「海外に打って出ないといけない」「会社で出世しないといけない」……。人間は、もうちょっと自らの幸せを求めていいのではないでしょうか？

会社とは本来、雇用を確保して社員の人生を守るためにあるのです。それ以上に成長することがいいこととは思えません。

私は弊社の「四八年間、連続増収増益」よりも、「二〇年間、会社が嫌で退社した人間はゼロ」ということに、誇りを感じます。

お陰さまで弊社には、私のつたない講演を聞きに、大企業の方たちが足をお運びくださいます。

『リストラなしの「年輪経営」』単行本出版後には、トヨタ自動車株式会社の豊田章男社長を始め、同社幹部の方とご縁を頂きました。

豊田社長は年輪経営という理念に共鳴くださり、二〇一四年三月期(二〇一三年度)の同社決算発表時の社長挨拶にも「年輪を刻んでいく」経営を提唱されています。数年来の交流で私はすっかり豊田社長のファンになり、いつも頭の下がる思いでおります。


最後に。

本書で私は「利益は健康な体から出るウンチである」(49ページ)と書きました。年輪経営を象徴する言葉の一つですが、最近になって、かの渋沢栄一先生が「成功や失敗というのは、結局、心をこめて努力した人の身体に残るカスのようなものなのだ」という主旨の言葉を残されていたことを知りました。僭越《せんえつ》ながら、日ごろ私が口にしている言葉と同じ内容のように感じ、驚きとともに

「間違っていないのだ」と嬉しく思いました。

これからも求められる限り、人を幸せにする年輪経営という理念を広めていきたいと思います。

本書が皆様のビジネス、人生の一助にならんことを祈念して。

二〇一四年　二三回目の社員海外旅行の年に、本社にて
伊那食品工業株式会社　代表取締役会長　塚越寛

＊文庫化に際しては、出版から五年経ったことを踏まえ、全体を見直し、一部の数字に修正を加えました。一方で、文章の読みやすさを優先して出版当時の表記を残している箇所もございます。あらかじめご了承頂ければと思います。

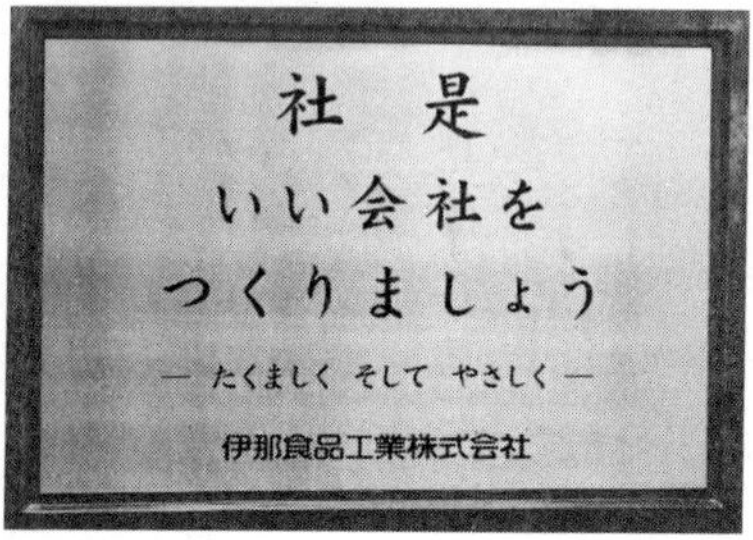
社　是
いい会社を
つくりましょう
— たくましく　そして　やさしく —
伊那食品工業株式会社

はじめに

サブプライムローンに端を発したアメリカの金融危機は、世界的な景気後退を招きました。日本も多くの企業が業績悪化に追い込まれ、バブル経済崩壊後と同じような不況の嵐が、世の中を吹き荒れています。

二〇〇八（平成二〇）年のアメリカの大手証券会社リーマン・ブラザーズの倒産には、強い憤りを感じました。少し前まで、そこの経営者たちは億単位の報酬を手にしていたのです。それが突然の破綻で、社員も取引先も、いや世界中が大迷惑を蒙《こうむ》りました。

私は「数字をもてあそんで生きているような人たち」を決して認めませんが、それにしても今は「本来あるべき姿」を見失った経営者、会社が多過ぎると思います。

経営にとって「本来あるべき姿」とは、「社員を幸せにするような会社をつくり、それを通じて社会に貢献する」ことです。売上げも利益も、それを実現するための手段に過ぎません。

会社を家庭だと考えれば、分かりやすいでしょう。社員は家族です。食べ物が少なくなったからといって、家族の誰かを追い出して、残りの者で食べるということはあり得ません。

会社も同じです。家族の幸せを願うように、社員の幸せを願う経営が大切なのです。また、そう願うことで、会社経営にどんどん好循環が生まれてきます。

伊那食品工業が半世紀に亘り、増収増益が続けられた秘密も、ここにあります。

日本にある企業の九九%が、社員三〇〇名以下の中小企業です。従業員数で見れば、六九%を占めています。テレビや新聞では大企業ばかりが取り上げられますが、日本の経済を支えているのは実は中小企業なのです。

売上げ至上主義や利益至上主義の隘路《あいろ》で、いま苦しんでいる中小企業の方たちの力になれないだろうか。私はそう願って、この本を著しました。

不景気だからこそ、企業の「本来あるべき姿」に立ち返ることが、事業に活路を拓き、会社を永続させることにつながると、私は確信しています。

本書が多少なりとも、読者のみなさんのお役に立てれば幸いです。

塚越寛

リストラなしの「年輪経営」

目　次

秋の本社ゾーン　写真：塚越寛

第一章　「年輪経営」を志せば、会社は永続する

第二章 「社員が幸せになる」会社づくり

第三章　今できる小さなことから始める

第四章　経営者は教育者でなければならない

装丁・本文デザイン　長坂勇司
写真　尾関裕士
本文構成　樺島弘文

塚越 寛

（つかこし・ひろし）


1937年、長野県駒ケ根市生まれ。伊那北高校を肺結核のため中退。1958年、伊那食品工業株式会社に入社。

1983年、伊那食品工業株式会社代表取締役社長に就任。2005年3月、同社代表取締役会長に就任。相場商品だった寒天の安定供給体制を確立し、医薬、バイオ、介護食などに新たな市場を開拓した功績が認められ、1996年に、「黄綬褒章」を受章。また、1958年の会社設立から48年間連続の増収増員増益を達成し、その財務内容および理念と実績、将来性などが総合的に高く評価され、2002年に、中堅・中小企業の優れた経営者を表彰する「優秀経営者顕彰制度」（日刊工業新聞社）の最高賞「最優秀経営者賞」を受賞。2006年に同社は、公益社団法人中小企業研究センターより「グッドカンパニー大賞」の最高賞「グランプリ」を受賞。趣味は写真で、地元の伊那や、世界各地の大自然をカメラに収めている。著書に『いい会社をつくりましょう』、共著に『幸福への原点回帰』（ともに文屋）。

2011年に、旭日小綬章を受章。

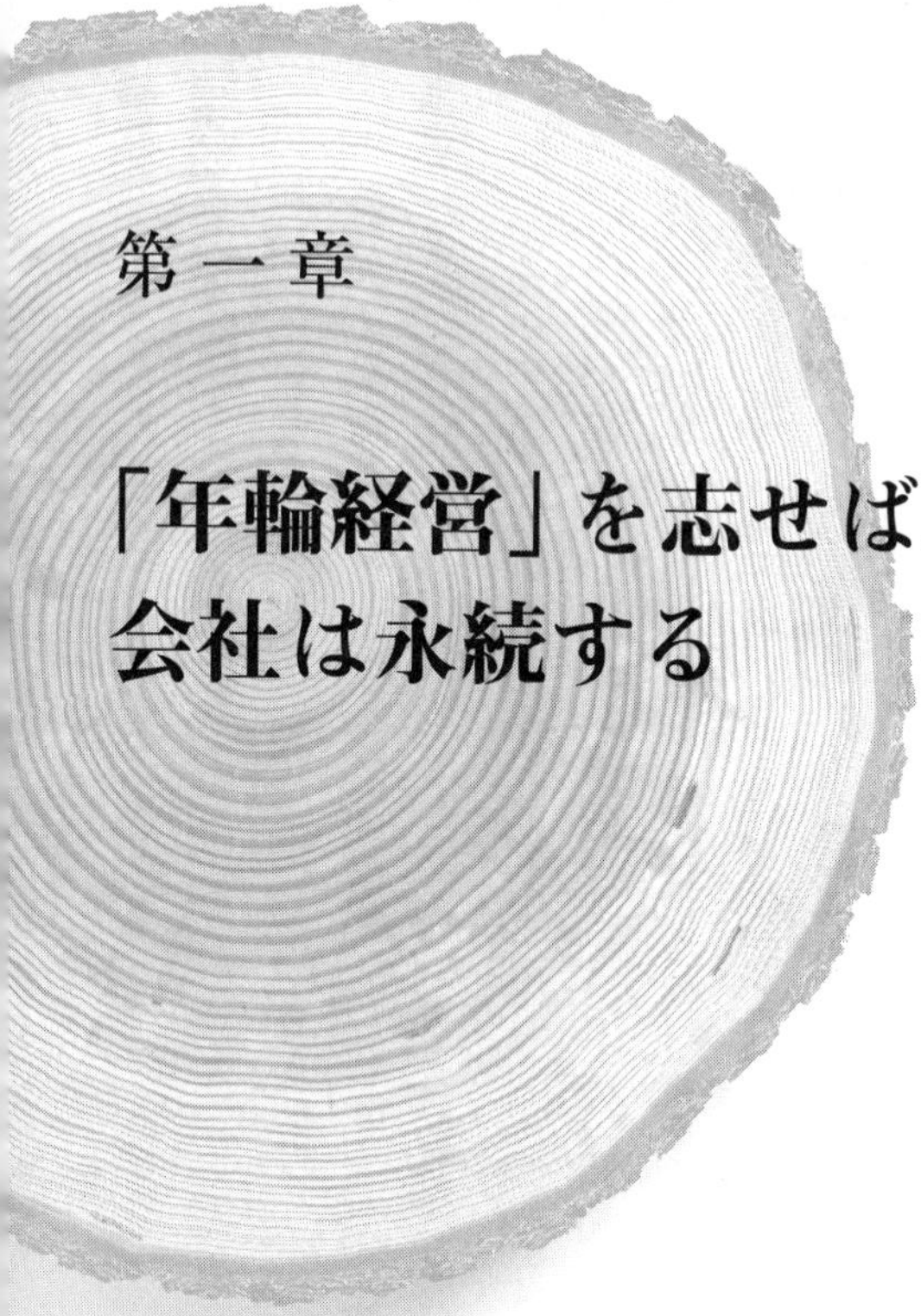

第一章

「年輪経営」を志せば、会社は永続する

会社は社員を幸せにするためにある

伊那食品工業は、寒天を製造している会社です。寒天原料を食品や医薬品メーカーに卸しているだけでなく、「かんてんぱぱ」ブランドとして家庭用商品もつくっているので、ご存知の方もいらっしゃることでしょう。長野県の伊那谷に、伊那食品工業が誕生したのは一九五八（昭和三三）年のことです。今から半世紀以上も前になります。伊那は東西を山に挟まれ、その中心を天竜川が流れていて、冬の寒暖の差が激しい土地柄です。その気候を利用して、昔から農家の冬場の仕事として寒天がつくられていました。

伊那食品工業が創業して半年後、私は「社長代行」という妙な肩書きを持って、この寒天メーカーに入社しました。二一歳のことです。当時の伊那食品工業は、社員わずか十数名、工場には生産設備らしい設備もなく、僅かにモーターが付いている機械が四台あるだけという零細企業でした。

設立して半年の間に赤字が膨らみ、会社は危機に陥っていたのです。そこで、伊那食品工業の親会社に当たる木材会社に勤めていた私に、経営再建の任が課せられたのでした。それから二一歳という若造の社長代行として、悪戦苦闘が始まります。

入社して驚いたのは、伊那食品工業はその頃としてはとても珍しい粉末寒天の製造に取り組んでいたものの、技術的には全くと言っていいほど未熟だったことです。私自身が化学書をひもとき、生産機械を工夫し、一方で経理を整え、営業に走り回らなければなりません。日曜祭日もなく働き、休みと言えば正月の一、二日くらいのものでした。

しかし、私は「働けるだけで幸せ」と感じていました。それは、過去に辛い経験をしていたからです。大学進学を夢見て、地元の県立伊那北高等学校に入学したものの、二年生の時に肺結核を患《わずら》い、その後三年間の療養生活を余儀なくされました。高校も中退し、病室で安静にしている毎日です。窓から外を眺めては、太陽の光を浴びて歩いている人たちを、「歩けていいなあ」とうらやましく思いました。

ようやく病が癒《い》えて、就職したのが先に述べた木材会社でした。そして一年半後には、その木材会社の社長に命じられて伊那食品工業に移ったのです。現在では、社員数は四八〇名を超え、年間売上げは一七六億円（二〇一三年度）に達し、寒天製造では世界シェア第一位となり、二〇〇六年にはグッドカンパニー大賞のグランプリも受賞させて頂きました。

しかし、私はなにも会社を大きくしたいとか、売上げを伸ばしたいとか、人から褒められたいとか思って、経営をしてきたわけではありません。会社が大きくなるのも、売上げが伸びるのも、さまざまな賞を頂けるのも、すべて結果に過ぎません。こう言うと、「なにを偉そうに」とお叱りを受けるかも知れませんが、本心からそう思っているのです。

私はひたすら、「会社を永続させたい」「会社は永続することに最大の価値がある」と考えて、経営に邁進《まいしん》してきました。正直に申し上げれば、最初の二〇年間はそんなことを考えるゆとりはありませんでした。生き抜くために、会社を存続させるために、ただそれだけに必死だったからです。

少し余裕が出てきて、「会社とは何のためにあるのか」「会社にとって成長とは何だろうか」と考え始めるようになったのは、入社して二五年を過ぎた頃だと思います。長い間考え続けて得た結論は、「会社は、社員を幸せにするためにある。そのことを通じて、いい会社をつくり、地域や社会に貢献する」というものでした。

それを実現するためには、「永続する」ことが一番重要だと気が付きました。会社が永続できなければ、どこかで社員の幸せを断ち切ることになってしまうからです。

「良い会社」ではなく、「いい会社」を目指そう

「会社は社員を幸せにするためにある」「会社は永続することに価値がある」と思い至ると、これまで「良い」とされてきた経営のあり方にたくさんの疑問が湧いてきました。売上げ至上主義、利益拡大主義、時価総額主義など、往々にして社員の幸せを犠牲にしているのではないかと思われるのです。

会社ですから、売上げが伸びなくては経営が成り立ちません。利益が出ないようでは、会社の存続さえ危《あや》うくなります。私も、売上げや利益の大切さは、良く分かっているつもりです。

しかし、売上げや利益が増えることを目的にすると、社員の幸せが二の次にされてしまいます。早い話が、利益を増やすためには、人件費や福利

厚生費、さらには地域貢献やメセナ活動などを減らすことが有効と考えられてしまうわけです。

これでは本末転倒だろう、と私には映ります。経営とは「会社の数字」と「社員の幸せ」のバランスをとることだと思います。このバランスこそ、経営者が最も求められるものです。ところが、最近の企業経営では「会社の数字」の方に重きが行き過ぎて、バランスが崩れているのではないでしょうか。

伊那食品工業の社是は、「いい会社をつくりましょう。～たくましくそして　やさしく～」というものです。私は常日ごろから社員に「良い会社」ではなく、「いい会社」をつくろうと話しています。

「良い会社」には、どうしても数字を重要視しているイメージがあります。売上げや利益が急拡大しているとか、株価が上がっているとか、給料が高いとかいうものです。確かに、世間一般から見たら「良い会社」なのかも知れません。

しかし、私は伊那食品工業が「良い会社」と呼ばれても嬉しくありません。「いい会社」と呼ばれるようになりたいと思います。「いい会社」とは、単に経営上の数字が良いというだけでなく、会社を取り巻くすべての人々が、日常会話の中で「あの会社は、いい会社だね」と言ってくれるような会社です。

社員はもちろんのこと、仕入先からも、売り先からも、一般の消費者の方からも、そして地域の人たちからも「いい会社だね」と言ってもらえるように心がけています。

もうお分かりのことと思いますが、取引先に無理をお願いして自分の会社の利益を上げようとするのでは、「いい会社」とは言えません。食品偽装のように、消費者を欺いた商売をすることもあり得ません。社員たちが苦しく嫌な思いを抱えて働いているようでは、いかに給料が高くても駄目なのです。だいいち、社員はそんなことを望んでいません。また、地域貢献をしないような会社を、地元の人は「いい会社」とは思わないでしょう。

普段の会話の中では、「良い会社」という言葉は使われません。「いい会社」と言うはずです。それが自然な感情だからです。「いい会社」と言う時には、数字的な意味だけじゃなく、その会社の好感度が含まれています。

私は会社を訪れたお客様に、よく尋ねます。

「タクシーに乗った時に、ドライバーの人に伊那食品工業はどんな会社かって聞いてみましたか?」

たぶん、「いい会社だよ」と答えてくれると思います。ドライバーの人は、伊那食品工業の経営内容も資産状況も数字的なものは知らないでしょう。でも、うちの会社が少し地域貢献していることは分かっていてくれます。社員が親切で、笑顔がとても素敵なことも感じていてくれるはずです。

「いい会社」は自分たちを含め、取り巻くすべての人々をハッピーにします。そこに、「いい会社」をつくる真の意味があるのです。

経営とは「遠きをはかる」こと

二宮尊徳の言葉に「遠きをはかる者は富み　近くをはかる者は貧す」というものがあります。三〇年ほど前になるでしょうか、「会社は永続することに価値がある」と考え始めた頃に、この言葉に出会いました。私は、はたと気が付きました。そうだ、会社を「いい会社」にして永続させるためには、「遠きをはかる」ことだ。以来、「遠きをはかる」ことが、私の経営戦略となりました。

「遠きをはかる」は言うに易《やす》く、行うに難しです。最近ではますます「遠きをはかる」ことが困難な状況になってきました。会社は短期間で利益を上げることが、求められるようになったからです。

株式市場などの要請もあるのでしょうが、上場企業は四半期ごとに決算を行わなければなりません。これなど会社の経営にとっては、マイナスが少なくありません。単純に考えて、四半期ごとに決算をまとめるために相当の労力がかかります。日本中の会社を合わせると、莫大《ばくだい》な労力になるでしょう。この労力を生産的な方法に使えれば、それだけでいろいろな事ができるはずです。

さらに大きな問題は、四半期ごとの決算を意識するあまり、中長期的な取り組みがおろそかになるということです。短期の利益を追い求めるあまり、「遠きをはかる」経営ができなくなります。また、数字至上主義に陥り、「数字が良ければすべてよし」という風土ができてしまいがちです。

極端に言うと、「今が良ければ良い」「数字が良ければ良い」という経営がまかり通ってしまうことになります。そこで思い出されるのが、アメリカの大手証券会社だったリーマン・ブラザーズの経営破綻です。二〇〇八年九月、リーマン・ブラザーズは六四兆円（当時の円換算で）もの負債を抱えて倒産しました。つい数年前まで、サブプライム関連商品で莫大な利益を出し、経営者は一〇億円を超える報酬を手にし、社員でも年収三〇〇〇万円クラスはザラだったということでした。

その巨大証券が、突如として倒産したのです。誰もが耳を疑ったことでしょう。これなども、目先の利益におぼれて、「遠くをはかる」ことを怠った典型例だと思います。今でも、テレビに映った、段ボール箱を抱えて社屋ビルから退去する社員の姿が甦《よみがえ》ります。なぜか、「はい、さようなら」という具合に、ニコニコ顔で出て行く人が多かった。段ボール箱の中身は私物ということでしたが、それまで自分が関わった仕事のデータなども含まれているでしょう。そうしたデータを持っていれば、再就職に有利だからです。それさえ持って出れば、あとは会社はどうなってもいい――

そんな風に私には見えました。

アメリカ型の資本主義、個人主義の行き着く先を見た気持ちでした。アメリカ型の経営手法は、人を幸福にしないと感じます。少なくとも、私の経営理念とは相容れないものです。私は二宮尊徳の次の言葉を「経営戦略」の柱としてきました。今なお少しも古びていません。

遠きをはかる者は富み
近くをはかる者は貧す
それ遠きをはかる者は百年のために
杉苗を植う
まして春まきて秋実る物においてをや
故に富有り
近くをはかる者は
春植えて秋実る物をも尚遠しとして植えず

唯《ただ》眼前の利に迷うてまかずして取り
植えずして刈り取る事のみ眼につく
故に貧窮す

二宮尊徳

急成長は敵、目指すべきは「年輪経営」

伊那食品工業は一九五八年の創業以来、二〇〇五年までの四八年間、ほぼ増収増益を続けてきました。寒天という地味な商品を、自ら市場を開拓しながら、ジワジワと育ててきた結果です。増収増益を続けられたことで、自己資本も充実でき、ほぼ無借金経営を実現しています。

しばしば「よくそんなに長く増収増益が続けられますね」と聞かれますが、会社の永続を願い、「遠くをはかる」経営を心がければ、自ずとそうなるのではないでしょうか。もちろん、会社ですから、山あり谷ありです。しかし、いい時も悪い時も無理をせず、低成長を志して、自然体の経営に努めてきました。

私はこの経営のやり方を「年輪経営」と呼んでいます。木の年輪のように少しずつではありますが、前年より確実に成長していく。この年輪のような経営こそ、私の理想とするところです。年輪は、その年の天候によって大きく育つこともあれば、小さいこともあります。しかし、前の年よりは、確実に広がっている。年輪の幅は狭くとも、確実に広がっていくことが大切なのです。

年輪の幅は、若い木ほど大きく育ちます。年数が経ってくると、幅自体は小さくなります。それが自然です。会社もそうあるのが自然だと思います。会社も若いうちは、成長の度合いが大きいものです。年数を経てくると成長の割合は下がってきますが、幹（会社）自体が大きくなっているので、成長の絶対量は増えているものです。

また、木々は無理に成長しようとはしません。年輪は幅の広いところほど弱いものです。逆に、狭い部分は堅くて強いものです。こうしたところにも、見習うべき点があります。

実は、年輪経営にとって、最大の敵は「急成長」なのです。経営者にとって、この急成長ほど警戒しなければならないことはありません。後でも触れますが、当社にもかつて何回か大手スーパーから「商品を全国展開しないか」というお誘いがありました。私は熟慮した末に、このお話を断らせてもらいました。

商品をスーパーで扱って頂ければ、売上げは急成長するでしょう。しかし、私は、「身の丈に合わない急成長は後々でつまずきの元になる」と判断しました。年輪のように、遅いスピードでもいいから、毎年毎年少しずつ成長していくことを選んだわけです。

　ところが、年輪経営を心がけている私にも抗し難い波が押し寄せました。それは、二〇〇五年に巻き起こった寒天ブームです。テレビの健康番組で、寒天は健康にいいということが広まって、一挙に需要が増えたのです。それまでも寒天に含まれている水溶性の食物繊維が体にいいことは分かっていましたが、ダイエットブームと相まって、まさに火が付いた状態でした。それでも、いつもなら私は無理をするような増産には踏み切りません。ただこの時は、お年寄りの方や福祉・医療関係者から、「ぜひ使いたいので頼む」とお願いされたことが心に響きました。

　私は社員のみんなに「急成長は望んでいないが、こうした寒天を切実に必要としているお客様がいるので、どうしたものか」と相談しました。社員たちは「そういう事情であればやりましょう」と応えてくれました。

　二〇〇五年、伊那食品工業はそれまでやったことのなかった昼夜兼行体制で寒天の増産に取り組みました。その結果、この年の売上げは前年比四〇％増となりました。かつてない伸び率に、私は喜びではなく懸念を感じていました。

案の定、寒天ブームが一段落した二〇〇六年からは、売上げが減少に転じました。利益も前年を下回りました。過大な設備投資などはしていなかったので、通常の生産体制に戻すだけで、大きな痛手は受けなかったのですが、それでもこの後遺症から脱するには数年かかりました。

寒天ブームは、逆に「年輪経営」の正しさを、私たちに教えてくれたものと思っています。

ブームで得た利益は、一時的な預かりものと思え

寒天ブームの時に、持論とは反対の経営を行わなければならなかったことは、今思い起こしてみても忸怩《じくじ》たるものがあります。やはり年輪経営に

とって、急成長は避けるべきものだったのです。

もう一つ、大きな教訓を得ました。それは、「ブーム」というのは、「最大の不幸」ということです。これは寒天ブームが去ってから気付いたことではなくて、寒天ブームが起こった時に既に社員たちには話していました。

ブームが到来して、寒天の需要は急激に伸びました。寒天メーカーはみんな増産に向かい、そのため原材料の海藻が高騰したのです。伊那食品工業も、その高い原料を手当てせざるを得ませんでした。それが、以後の経営の足を引っ張ることとなります。

ブームの時に得た利益を、その後吐き出している感じです。もっとも、私はブームの最中でも冷めた見方をしていましたから、特別な設備投資も行わなければ、「今の儲《もう》けは、本当の利益ではない」と考えていたわけです。

ブームは追い風のようなものです。追い風を自分の実力と勘違いすると、取り返しのつかない事態を招きます。普段は分かっているつもりでも、いざブームの中に入ると我を忘れてしまう経営者がたくさんいます。

ゴルフを例にとると、分かりやすいでしょう。フォローの風を受けると、自分でもびっくりするくらい球は飛びます。それを、「俺はこんなに飛ばせるのか」と思い違いをする。いざアゲンストの風になると、ガタっと飛距離は落ちます。それでも「こんなはずはない」と力んで、ますます深みにはまるわけです。

経営も同じで、フォローの風に乗った時に、これが自分の力だと思い違いし過大投資をして、後々痛い目に遭うことがあります。それでも、明らかなフォローの場合は、判断できます。難しいのは、フォローの中にいるのか、自分の力なのか、判然としない場合です。経営者は、そこを良く見極めないといけないと思います。私の経験では、そうした場合、多くはフォローの中にいるものです。

なぜ、そうしたことが言えるかというと、伊那食品工業はマーケットもないような状態から、コツコツと寒天の需要を広めて、マーケットをつくってきたからです。ブームやフォローのない時代に、少しずつ寒天マーケットを拡大してきました。だから、フォローと自分の力の違いが分かるのです。半世紀に及ぶ当社の増収増益は、自分たちの力で徐々にマーケットを拡大していったことによってもたらされたのです。

ところが、寒天ブームが訪れたことで、一挙にマーケットが広がって、さまざまな不都合が起こりました。先に述べた原料の高騰もその一つです。それよりも大きな不幸は、ブームに乗って粗悪な製品がマーケットに流れ込んだことでした。これまで長い時間をかけて築いてきた消費者との信頼関係が崩れてしまいます。実際、寒天ブームが去ったのは、他の健康食品へと目移りの激しい消費者の性向だけでなく、粗悪な製品に消費者が嫌気をさしたということがあったのではないでしょうか。

では、ブームに巻き込まれたら、どうしたら良いのでしょうか。孤塁を守って、知らんふりをしているわけにもいきません。私は「ブームで得た利益は、自分の力で儲けたものではないから、人様から一時的に預かっているもの」と考えました。一時預かっているものですから、将来必ず出て行くものというわけです。

逆に、何かの事情で、自分の過ちでなくて損をした場合は、こう考えるようにしています。「自分の力でなくて損をしたら、自分の罪じゃなくて損をしたら、それは人様に預けてあると思え」。年輪経営を理想にして、「遠きをはかる」商売をコツコツと続けていれば、いずれ必ず帳尻は合ってくるものだと思っています。

社員が「前より幸せになった」と実感できることが成長

売上げ至上主義の会社はいまだに多いようです。そういう会社の経営者は、とにかく売上げを伸ばさないと会社は成長できないと、頭から信じています。はなはだしい場合は、原価割れで赤字になっても、売上げを増やそうとします。

もちろん、売上げが拡大していかないと、会社経営が成り立たないということは理解できます。しかし、売上げが伸びることが、会社が成長することだと考えるのは、ちょっとおかしいのではないでしょうか。「売上げの伸び＝会社の成長」と見るから、売上げを増やすことが会社の第一目的になってしまうのです。売上げが大きく増えたから、会社も大きく成長したと思うことは、錯覚でしょう。

売上げが増えて利益も増えることは、喜ばしいことです。しかし、売上げや利益を大きくすることが、会社経営の目的でしょうか、会社の成長の証《あかし》でしょうか。

私は、会社はまず社員を幸せにするためにあると考えています。売上げを増やすのも、利益を上げるのも、社員を幸せにするための手段に過ぎません。

年輪経営は、「売上げも利益も前年を上回ればいい」ことが目安です。大幅な売上げ増、利益増は、求めていません。何かのチャンスがあって、無理をすれば一年でできることも、自然体で二年、三年と時間をかけて達成していきます。その方が、会社を永続させることにもつながるわけです。

私は、会社が成長するということは、社員が「あっ、前より快適になったな、前より幸せになったな」と実感できることだと考えています。快適さや幸せを感じる度合いがだんだんに高まっていくこと。これが会社が成長している証なのです。売上げも利益も、この会社の成長の手段に過ぎないと思います。

幸せを感じるには、より給料が増えるとか、より働きがいを感じるとか、より快適な職場で働けるとか、さまざまなことがあるでしょう。これらの実現と会社永続のバランスを取りながら経営していくべきだと考えています。

これから一〇〇年か二〇〇年経って、歴史家が今の時代を振り返った時、「平成とはなんて不思議な時代だったんだろう」と言うに違いありません。「モノはいっぱい溢れているのに、みんなが幸福じゃなくて、倒産する企業も多く、貧困に苦しんでいる人がたくさんいた。一体、どうなってたんだろう」

「利益こそすべて」というような、極端に軸を外れてしまった現在の経済界の流れを修正することが容易ではないのは事実でしょう。最終利益で会社の価値が測られるような現在の株式市場のあり方も、その一因となっていることは事実です。そのために、株式価格を上げて時価総額を上げることに必死な経営者もおります。

しかし今こそ、その流れを修正することが必要なのではないでしょうか。繰り返しになりますが、会社が成長するということは、社員が以前より「幸せになった」と感じ取れることだと思います。その原点に戻れるように、修正する勇気のある会社が一社でも二社でも増えることが大切になってきます。

景気後退は、経営者にとって大きな試練です。けれども、その中で、自分の会社は何のためにあるのか、会社の成長とは何なのかを見つめ直すことは、とても有意義なことです。

会社の原点を再確認し、そこに回帰することを促してくれるからです。原点に立ち返ってこそ、明日の方向が見えてくるはずです。

人の犠牲の上にたった利益は、利益ではない

このところ、売上高よりも利益を重要視する経営が広まってきています。もちろん、適正な利益を上げることは会社を永続させるために不可欠です。伊那食品工業は、ここ一〇年ほどは売上げに対する経常利益率が一〇%を切っていません。中小企業には珍しく一〇年以上に亘って、年間一〇億円以上の生産設備以外のものを含めた投資を行ってきました。

確かに、利益を上げることは大切です。「経営者なら利益を上げることは当然ではないか」という声も聞かれます。そのとおりなのですが、利益そのものを目的にしてしまうと、「いい会社」からは離れていくことになりかねません。利益は「いい会社」をつくるための手段とわきまえなければ、経営は間違った方法に向かってしまいます。

利益は多ければ多いほどいい、という考えには賛成できません。利益至上主義に陥ると、利益を生むためには何をやってもいい、利益を確保するためには必要なお金も使わないということになりがちだからです。利益は、その生み出し方と使い方が大事なのです。

私は「人の犠牲の上にたった利益は利益ではない」と自らを戒めています。例えば、仕入先に無理を言って、納入してもらう商品の価格を低く抑えることはしません。商品は適正な価格で買いますが、仕入先が原価割れになるような無茶な要求はしないということです。

商売の基本は、「売り手」と「買い手」が対等であることです。私たちも利益を得ますが、相手も利益を得られないといけないわけです。自社の利益を優先して考えれば、相手先を搾りに搾るということになるかも知れませんが、そんな関係は長続きしません。当社は、「利益」ではなく、「永続」に価値を見出そうとする企業です。だから一時の利益のために、良好な仕入先を失うような愚かな真似は犯したくありません。

私たちが商品を販売する場合でも、適正な価格で購入して頂けるようにお願いします。もし、あまりに無理なことを要求されたら、取引きできないことを伝えています。

また、小さなことですが、伊那食品工業がずっと曲げずに続けていることがあります。それは、振り出した手形には自分たちで印紙を貼るということです。当たり前のことですが、意外と守られていません。為替手形を利用すれば、手形を受け取った方で印紙代を払うことになります。本来は、振り出した側が負担すべきものを、受け取り側に負担させているのです。

口座振込みの場合も、当社では振込み手数料はわが社持ちです。これも当たり前のことですが、振込み手数料を引いて送金する会社も多いようです。

印紙代も振込み手数料も「チリも積もれば山となる」ですから、コスト削減のために、相手持ちを奨励している会社がたくさんあります。しかし、これは正しいこととは言えません。自分では得をしたと思っていても、「うちの会社はこのような理不尽なことをやっています」と宣伝しているのです。このようなことを長く続ければ続けるほど、延々と理不尽を宣伝しているのと同じことになります。

一方、企業内では、利益を出すために、人件費を削減する、福利厚生の質を落とす、職場環境を悪いままに放置するなどの「合理化」が盛んに行われています。無駄を省く努力は必要ですが、最近では利益のために社員が犠牲になっているような会社を多く目にします。

当社の工場では、毎日午前一〇時と午後三時から一五分間の「お茶休み」を取っています。工場で働く社員に、少しでも潤いを与えられたらという配慮からです。会社からは月に一人当たり五〇〇円のお菓子手当ても出しています。自宅から漬物や果物を持ってくる人もいます。合理化という視点から見れば、この「お茶休み」は無駄ということになるでしょうが、

「社員の幸せ」から見れば有意義なものなのです。

なぜ、社員を幸せにしない目先の「合理化」が行われるのか。それは目先の「利益」を目的とするところから始まるのではないでしょうか。

利益は健康な体から出るウンチである

あまりに「利益」を重要視する経営者が多いので、私は敢えて次のような話をします。「利益なんかカスですよ、経営のカス」。もっと卑近な例えでは「利益はウンチですよ」とも言います。経営者の方にそう話すと、みんな変な顔をします。でも、「利益って、その程度のものだよ」と、私は言いたいのです。

ウンチを出すことを目的に生きている人はいません。でも、健康な体なら、自然と毎日出ます。出そうと思わなくても、出てきます。ここがポイントです。

「健康な会社」であれば、「利益」というウンチは自然と出てくるはずです。毎日、出そうと思わなくても、出てくるものです。だから、「利益」を出そうと思えば、「健康な会社」をつくることを考えればいいわけです。

では、「健康な会社」とは、どのようなものでしょうか。一言で述べれば、「バランスのいい」会社です。これも人間と同じです。

健康な人は、肥り過ぎもせず、痩せ過ぎもしていないで、均整の取れた筋肉質の体をしています。会社も皮下脂肪や内臓脂肪が付き過ぎているようでは健康とは言えません。

会社にとって、皮下脂肪や内臓脂肪というのは、内部留保や贅沢《ぜいたく》なシステムに当たります。「内部留保は多ければ多いほどいい」というのは、「脂肪が多ければ多いほど飢餓に強い」と考えるのと似ています。ところが、飢餓の心配ばかりしていると、生活習慣病に陥ることになりかねません。

それ以前に、脂肪が多過ぎれば、体の動きが鈍くなります。同じように、企業もその活動が鈍り、ひいては生活習慣病に冒されてしまいます。

逆に、脂肪が足りないと、今度は免疫力が低下して、病気に罹《かか》りやすくなります。会社も内部留保という脂肪が少な過ぎては、些細な病気にも抵抗できません。ですから、人も会社もバランスを取ることが大切なのです。

筋肉質の会社というのは、パワーがあるということです。しかし、腕の筋肉だけ強いとか、足の筋肉だけ強いというのでは、バランスが取れていません。会社も、製造、販売、開発、財務など、それぞれの筋肉がバランスよく強くなっていることが必要です。

さらに、健康な体は血液の巡りが良く、神経も末端まで発達しているものです。血液の巡りがいいというのは、会社で言えば、社内の指揮命令系統が整っていて、情報や指示が素早く回ることでしょう。神経が発達しているというのは、社員みんなが世の中の変化に対して敏感で、素早く対応できることを意味します。先見性があると表現してもいいかも知れません。

誰でも「健康な体」というものは、イメージしやすいでしょう。そのイメージを、「バランス」という言葉をキーワードにして会社に置き換えればいいわけです。

例えば、その企業規模に相応《ふさわ》しい販売網を持っているか、研究開発体制を整備しているか、社員教育がしっかりできているかなどを考えればいいわけです。地域貢献や環境への貢献はどうか、企業規模に見合うだけの知名度はあるか、これらのバランスも取れていることが大切になります。

健康な体は均整が取れているように、健康な会社も均整が取れているものです。そして健康の度合いを増していくことが、会社が永続することにつながります。人間と違って、会社の場合はその中にいる人びとが代替わりしていきます。リレーと同じです。いま自分が預かっている仕事なり会社なりを、より健康にして次の人に渡してやれるように努力すれば良いのです。そうすれば、会社はだんだんと健康になり、「利益」というウンチも自然と出るようになります。

利益それ自体に価値はない、どう使うかが大事

売上高世界一、利益世界一――そうまでいかなくても、日本一、業界一を目標にしている会社が、世の中には結構あると思います。そういう会社の社員は、幸せ世界一、幸せ日本一、幸せ業界一を実感できるようになるのだろうかと、時どき疑問が湧いてきます。

「売上げや利益は社員を幸せにするための手段に過ぎない」と考えている私には、売上げや利益の額を競うことは企業の「本来あるべき姿」から離れているように見えるわけです。企業の「本来あるべき姿」とは、繰返しになりますが「社員の幸せを通じて、いい会社をつくり、社会に貢献する

こと」です。

一九三七（昭和一二）年生まれの私は、今となっては戦前の空気を知っている部類でしょう。幼少に受けた道徳教育も染み付いています。自分のためだけでなく、世のため人のためになることをしなさい、と教えられてきました。それは変わることのない価値観として、身に付いています。

一方で、戦後教育では、個人の尊重、個人の自由が訴えられ過ぎたために、「世のため、人のため」という道徳心が消えてしまいました。最近では、「自分さえ良ければいい」「人に見つからなければ悪さをしてもいい」と考えているような人たちが増えてきました。こうした風潮が「利益至上主義」に結びついているように思えて仕方ありません。

「利益」はそれ自体に価値があるのではなくて、「利益」をどう使うかによって価値が生まれるのです。経営者にとって、この「利益をどう使うか」は、最も重要な課題です。この判断で、「この会社は何のためにあるのか」「どんな会社にしたいのか」が問われます。

私は利益を「社員の幸せ」を増やすために、使おうと考えています。単純に、給料を上げればいいというものではありません。一時的に大盤振る舞いしても、会社が続いていかないようでは元も子もありません。毎年、少しずつでも給料が上がっていくことで、社員の幸せ感も増していくものです。

ここ一〇年間、毎年一〇億円以上続けてきた投資にしても、生産設備の増強だけに費やしてきたわけではありません。社員の職場環境を良くしようとして本社敷地の公園化、社屋の拡充などに、また福利厚生の充実に、かなりの額を振り向けました。

社員たちに「去年より快適な会社、仕事場になった」と感じてもらいたいからです。他の経営者からは「もっと工場とか機械に投資すればいいのに」と見られているかも知れません。しかし、私は手狭になったので、新しい社屋を建てたり、敷地内の公園の整備に努めました。社員旅行も四〇年以上前から、会社が補助を出して隔年で海外旅行を実施してきました。

さらに、地域貢献として、歩道橋を設けて通学路としたり、公道が利用できるにもかかわらず、混雑を避けるために脇に私道を作ったりしました。

他にも、伝統芸能である「能と狂言」を地元で楽しんでもらうための「伊那能」や、小澤征爾氏が指揮する「サイトウ・キネン・フェスティバル松本」などに協力・協賛を続けています。

最近は全国から一四〇校以上が集まる屈指の大会となった「春の高校伊那駅伝」に、まだマイナーな大会だった一九九二（平成四）年から協賛してきました。

これらは伊那食品工業が行っている地域貢献の一部に過ぎませんが、その特徴は一度協賛すると長く続けてきたことです。

幸いなことに伊那食品工業は半世紀の間、増収増益基調できました。増収増益だから、このようなことができたのはもちろんですが、支援を続けてこそ一定の成果が出ると信じてきたからです。そのためにも「年輪経営」による安定経営が必要なのです。

「苔むす会社」を目指して……

伊那食品工業では、本社敷地内を「かんてんぱぱガーデン」と称して、誰もが入れる自然を生かした公園にしてあります。ここは元々は赤松林だったところです。一本でも多くの木を残したいという気持ちから整備を始めました。

約三万坪の敷地には、自然の地形を生かして、本社建物、研究棟（R&Dセンター）などのほかに、常設ギャラリーのある「かんてんぱぱホール」、寒天レストランの「さつき亭」、洋風寒天レストランの「ひまわり亭」、さらには輸入インテリアショップの「サンフローラ」などが建っています。

かんてんぱぱガーデンは、豊かな緑に囲まれた空間となっており、そこを歩けば遊歩道を散策しているような気分になります。木立の中をぬっている起伏のある小道を辿《たど》ると、レストランやショップがあります。オフィスの建物も、日本家屋の知恵であるひさしを設けるなど、周りの風景に溶け込む装いにしました。

このかんてんぱぱガーデンには、年間三五万人の来客があります。入り口にはガードマンもいません。出入りは自由です。

かんてんぱぱガーデンの整備を始めたのは一九八七（昭和六二）年のことでした。時代は、バブル景気に浮かれつつあった頃です。日本の企業は揃って拡大成長路線に向かっていました。しかし、私はいたずらに売上高や利益の拡大に走ろうとは思いませんでした。職場環境を快適にしたり、社員の楽しみを増やすためにはどうすればいいのかと考えたのです。

　私は「働く場を緑に囲まれた快適な環境にすれば、社員はみんな喜んでくれるに違いない。そして、幸せを感じてくれるはずだ」と考えました。そして、それは美しい町づくりにもつながるはずだとも思ったのです。これが、かんてんぱぱガーデンを整備し始めた動機でした。

　あれから約三〇年が過ぎました。かんてんぱぱガーデンは、社員たちの手によって、日一日と様相を整えてきています。全部の赤松を松食い虫の害から防ぐために、薬品を注入するのも社員の手によりました。

　当社の始業時間は午前八時二〇分ですが、ほとんどの社員が七時五〇分には出社して、かんてんぱぱガーデンの手入れと掃除を行っています。なにも会社が強制しているわけではありません。社員たちが自発的に出て来て、整備を始めるのです。休日や祭日でも、お客様が来られるので、誰かしらが来て手入れや掃除をしています。私も時間の許す限り顔を出して、植木の手入れなどの陣頭指揮を執ります。

きれいなガーデンを見て、「いい会社だなあ」と感じてくださるお客様は多いようです。なにせ年間三五万人が訪れるのですから、これ以上にない宣伝にもなっています。

毎朝、毎朝、社員たちが手入れや掃除をしているのを知って、地元の人たちも感心してくれます。ささやかながら地元のイメージアップにも貢献できているのであれば、嬉しい限りです。

実は、私には遠大な計画があります。いま赤松の根元は広く芝生で覆われていますが、将来はここ一面に苔を生やしたいと考えているのです。言わば、「苔むす会社」をつくろうというのです。社員たちには既にそのことを伝え、実際に苔が生えつつあります。

私は「苔むす会社なんて、日本のどこを探しても他にないよ。いいじゃないか。日本で唯一つの会社だよ」と軽口をたたきます。

しかし、この「苔むす会社」には、深い意味があるのです。苔は木のあるところでないと生えてきません。これは環境を大切にするということです。そして、苔は掃除の行き届いたところにしか生えてきません。しかも生えるまで時間がかかる。これは永続を心がけて、日々の仕事を大切にすることにつながります。ぜひ「苔むす会社」を実現させたいと思います。

「いい会社」をつくるための一〇箇条

伊那食品工業では、「いい会社」をつくるための一〇箇条を掲げています。これは、会社が年輪を重ねるように確実で安定した成長を遂げるための原則です。以下に記しますが、内容は当たり前のことです。読者の方も「なーんだ、そんなことか」と思われるかも知れません。

しかし、よく考えてみてください。自分の会社で、すべてが確実に実行できているでしょうか。当たり前のことを当たり前に行うのは、決して簡単なことではありません。だから、私は一〇箇条として明文化し、常にそれに照らし合わせて戒めとしているのです。

「いい会社」をつくるための一〇箇条

一　常にいい製品をつくる。
二　売れるからといってつくり過ぎない、売り過ぎない。
三　できるだけ定価販売を心がけ、値引きをしない。
四　お客様の立場に立ったものづくりとサービスを心がける。
五　美しい工場・店舗・庭づくりをする。
六　上品なパッケージ、センスのいい広告を行う。
七　メセナ活動とボランティア等の社会貢献を行う。
八　仕入先を大切にする。

九　経営理念を全員が理解し、企業イメージを高める。
十　以上のことを確実に実行し、継続する。

お読みになって分かるように、この一〇箇条の一つひとつは特別目新しいものではないでしょう。でも、この当たり前のことをすべてきちんと続けていたら、その会社は新鮮なものになります。実は、私はこの一〇箇条は、会社をブランド化するノウハウだと考えています。

ブランド化と言うと、「へぇー、かんてんぱぱがルイ・ヴィトンみたいになるの？」と不思議に思われる方もいるでしょう。私が言うブランドとは、「信頼ある企業が、信頼ある製品をつくって、ファンを持つ」ということに他なりません。

いいブランドには、いいファンがいます。

ルイ・ヴィトンの店に行って、値切る人はいないでしょう。お客様は、高い商品を買って、それで満足しています。また、ルイ・ヴィトンの方は、高い値段でも満足して頂けるような製品をつくっているわけです。私は、このような商売を目指しています。それが「ブランド化」の意味です。

ひるがえって世の中を見渡すと、激安、安売り王、価格破壊といった言葉が氾濫しています。安売りだ、安売りだという商売は、本当に消費者のためになっているのでしょうか。

モノを買う消費者も、一方では商品の供給会社の従業員であるわけです。適正価格での販売こそ、供給会社の利益を生み、その社員の購買力を高める源泉となります。

販売業者も供給業者も適正な利益を上げ、その利益が会社を大きくすることだけに使われるのではなく、社員に適正配分されれば、GDPの六割を占める国民消費が盛んになるのは当然です。そう考えれば、国民消費を盛んにし、景気を良くするためには、適正な利益の確保とその配分が重要になってくるわけです。

ブランド化を目指すことは適正な利益を確保することにつながります。そして、企業永続の鍵にもなります。言い換えれば、ブランド化つまり「信頼される商品を提供して、ファンをつくる」ことが、企業経営そのものなのです。

私の代でも、その次の代でも、ブランド化の実現は不可能かも知れません。しかし、今始めなければ、すべては始まらないと思うのです。

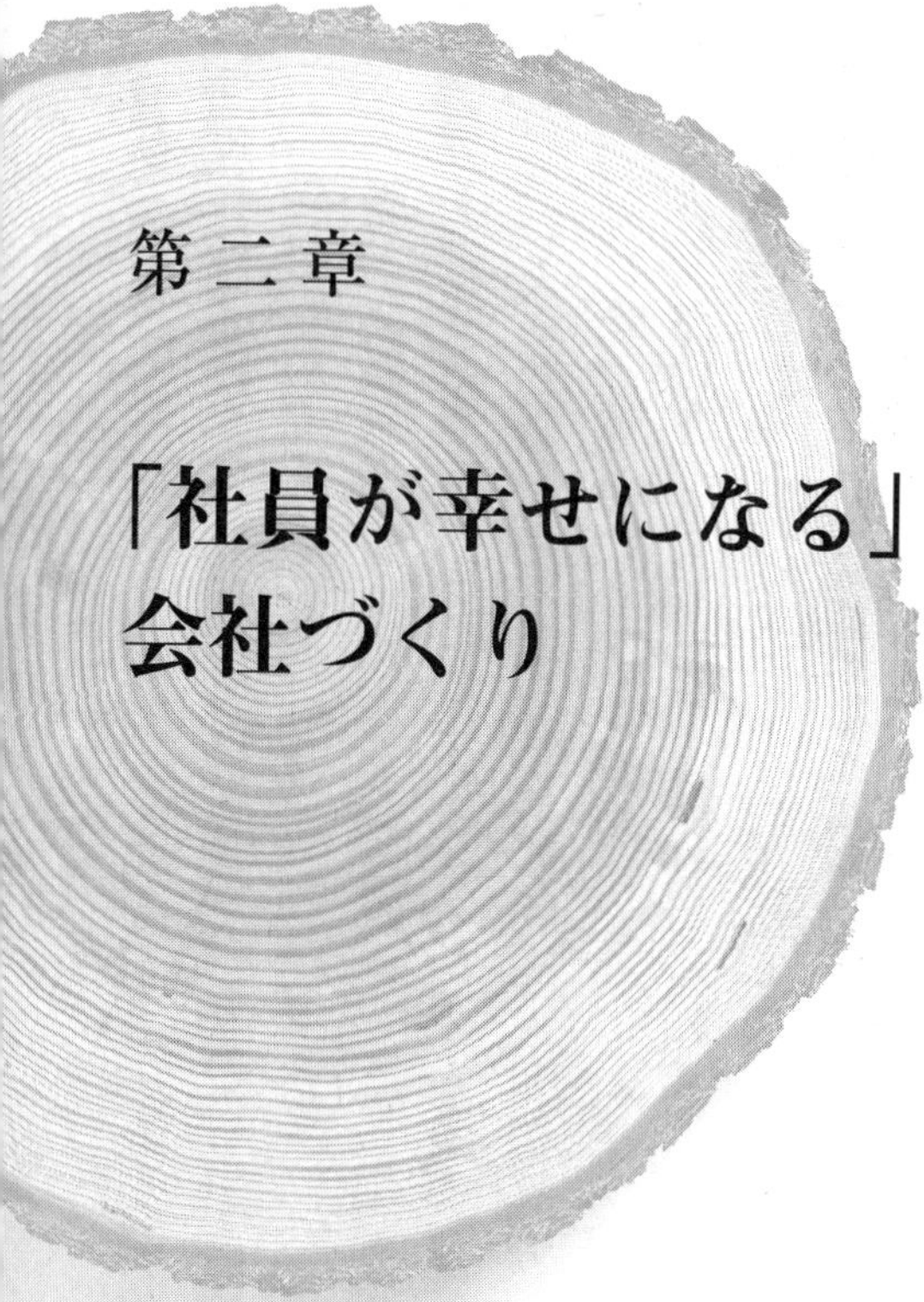

第二章

「社員が幸せになる」会社づくり

人件費はコストではなく、会社の目的そのものである

かつて「赤信号みんなで渡れば恐くない」というジョークが流行《はや》りました。言い得て妙なところもありますが、最近の経営の風潮を見ていると、このジョークどおりのような気がします。それどころか、「赤信号みんなで渡るから正しいの」になってしまいました。

何の話かと言えば、人件費カットのことです。単純に言うと、利益を上げるためには、売上げを増やすか、経費を少なくするしかありません。消費が伸びない状況では、経費削減が最も効率の良い利益拡大策に見えます。

実際、日本のバブル経済がはじけた後、業績が悪化した企業は「選択と集中」の美名の下に、不採算部門の切り捨てに走りました。不採算部門をなくすことは間違いではありません。しかし、それと同時に、そこにいた

人員もあっさりと切り捨ててしまったのです。

それだけではありません。Ｖ字回復を至上命題にした経営者たちは、可能な限りの人件費削減に乗り出しました。労働強化を何とも思わず人員を減らし、正社員から派遣社員への切り換えを進めたわけです。このため、企業業績は回復しても、世の中の人々はかえって不幸せになるという皮肉な結果となりました。

コスト削減、なかでもリストラを大きく打ち出した企業は、株式市場から評価され、株価が上がるという現象が現れました。確かに、固定費である人件費を削ることは、経費の削減つまり利益の増大に大きく寄与します。多くの企業が右にならえとばかりに人件費の削減に努めたのです。その姿は、私には「みんなで赤信号を渡っている」ように見えました。「赤信号は渡らなければならないもの」になってしまったのです。

この状況は、ますますひどいものとなっています。不況に襲われた日本企業は、こぞって非正規社員の首切りに走りました。そこには、後ろめたさは感じられません。人件費削減つまりコストカットのためには、当たり前と言わんばかりでした。赤信号を堂々と渡っているわけです。

私は、人件費はコストとは考えません。人件費は目的なのです。例えば、兄弟とか、親しい友人で事業を起こしたとします。その時に、人件費が少なければ少ないほどいいと思うでしょうか。そんなことは、ないはずです。みんなで一生懸命に働いて、より多くの報酬を得て幸せになることは、事業を起こした目的の一つなのですから。

報酬を減らして、会社の利益を増やしても、事業を起こした意味がありません。上場企業は別でしょうが、一般の中小企業であれば、使うべきものを使い、払うべきものを払った後で、利益がゼロになっても構いません。もちろん、会社の維持に必要な経費は使った上でのことですが。使うべきもの払うべきものを支出した上で、利益がゼロになっても恥じることはありません。

私が「利益はカスだ」という理由が、ここにあります。なんでカスをいっぱい貯めなきゃならないのか。本来、使うべきこと払うべきことを、きちんと実行していれば、企業の永続は可能です。これが未上場の中小企業の正しい考え方だと思います。

利益を上げようとするならば、まず商品やサービスの付加価値を上げることを考えるべきです。そして、適正な価格で売れる仕組みをつくることです。

残念なことに最近は、付加価値を高めるという大変な労力のかかる仕事をおろそかにして、コスト削減という手っ取り早い方法に走っているように思えます。リストラなどは、その最たるものでしょう。伊那食品工業では、これまでリストラをしたことがありません。

本来リストラというものは、最後の最後になって、どうしようもないという状態に陥った末に、やむなく手を付けるもので、それは経営者として持つべき最も基本的な倫理観と言えるのではないでしょうか。

法人税だけが税金ではない

一時の利益ばかりを追い求めるような経営者にしてみれば、人件費や福利厚生費、メセナ活動や地域貢献に必要な資金も、みんな経費に見えてくることでしょう。それが間違いであることは前に述べたとおりですが、世の中の風潮はこうした「経費削減」を良いことと捉えています。もちろん、無駄をなくすことは大切です。しかし、会社永続のための支出まで削ってしまうような経営は、後で自分たちの首を締めるはめに陥ります。

私は、「ケチは悪循環の始まり」と言っています。人件費や福利厚生費をケチるとどうなるか。社員のやる気は低下するでしょう。社員のやる気が低下すれば、会社の活力が落ちます。下手をすれば、事故が増えるかも知れません。それは業績の悪化という結果につながります。

また、給料が下がるようなことがあれば、どうでしょう。社員たちは財布の口を堅く閉めて、モノを買わなくなります。消費が落ち込んでいきます。日本のＧＤＰの六割を消費が占めているわけですから、消費の落ち込みは日本経済の減退を進めます。当然、回りまわって、自分の会社の業績にも悪影響を及ぼすことでしょう。それまで行っていたメセナ活動や地域貢献を取り止めれば、それに関わっていた人たちの活動を縮小することとなり、やはり経済の悪化につながります。

このように、自分の会社の経費をケチれば、いろいろな面から経済全体が後退し、ひいては自分の会社の業績の悪化につながります。そうなれば、会社はますます経費削減に励み、さらにケチになるわけです。もっとケチになれば、経済はもっと悪くなる。すると会社ももっと苦しくなる。つまり、悪循環に陥るわけです。自分の会社だけケチっても全体に影響はなく、他社が使ってくれるとみんな思っていることが、問題なのです。

職場を快適にするための経費も同じです。社員たちは、職場で人生の多くの時間を過ごしているわけですから、職場環境が快適でなければ、仕事へのやる気も効率も落ちます。目先の利益を考えて、ここをケチる経営者は多いのですが、社員にとってはマイナス効果ではないでしょうか。快適さがどんどん消えてゆくような職場の中で、経営者がどんなに頑張れと言ってみても、社員は将来に明るさを見出せないものです。

気を付けなければならないのは、研究開発への投資です。経営が苦しくなってくると、「明日のメシの種より、今日のメシ」とばかりに、研究開発費を抑えようとするものです。

これは「遠きをはかる」経営からすれば、自殺行為と言えます。バランスを取ることは必要ですが、目先の利益に走るあまり、将来のビジネスの種まきをおろそかにしてはいけません。そんなことをすれば、会社は永続できなくなります。

本当に利益がないのであれば止むを得ませんが（それならまず利益を生み出せる経営体質をつくることが先決ですが）、利益を出すために必要な経費をケチることは、悪循環を生み、やがて自分の会社の永続を脅《おびや》かします。株主を慮《おもんぱか》ってか、それとも自分の見栄のためかは分かりませんが、利益に固執する経営者は意外に多く見られます。

税金の支払い方でも、法人税を多く払うと何か立派なことをしたかのように思う経営者は多いようです。私は、同じ税金を払うならば、法人税より源泉所得税で払いたいと考えています。

今では、法人税が安くなり所得税が高くなったために、会社としては同じくらいの金額を国に納めることになりました。であれば、人件費をケチらずに、できる範囲で給料を支払い、そこから所得税で税金を納めた方がいいと思います。社員のためにも、会社のためにも、社会のためにもです。所得が消費に回れば、消費税収も増えます。

目先の利益や経営者の見栄に走るのではなく、遠きをはかって、好循環を招くような利益の使い方を目指したいものです。

年功序列制度で社内の「和」を保つ

成果主義や能力給といった最近流行の人事制度に、私は与《くみ》しません。伊那食品工業は基本的には、年功序列型の給与体系をとっています。抜擢《ばってき》人事もありますが、これは一部です。能力に大差がない場合は、年長の社員、勤続年数の長い社員に高い給料を支払っています。それで大きな不満は、生まれていません。むしろ、安心感を持って仕事に臨めるため、支持されています。

成果主義や能力給の場合、どうしても個人の実績を評価することになります。少し範囲を広げても、チームとか部署単位です。仮にある個人やあるチームが、突出した業績を上げたとしましょう。しかし、その業績は、その個人やそのチームだけで成し得たものでしょうか。

多くは、これまでの積み重ねの上に花開いたものなのです。周りの人たちのバックアップもあったでしょう。会社が備えていた経営資源を使ったかも知れません。長年かかって培った会社の信用というものも大きいはずです。だいいち、その個人、そのチームも誰かによって育てられたものなのです。

それらのことを横に置いておいて、たまたまその時に成果を上げられた者だけを優遇するという人事制度は、私には間違いだと感じられます。ニンジンを鼻先にぶら下げるように、お金をぶら下げて社員を走らせるようなシステムには賛同できません。

会社は運命共同体です。私は、家族だとさえ思っています。実際、伊那食品工業の社員たちは、自ら「伊那食ファミリー」と言っています。弟が力持ちでよく働けるからと言って、お父さんやお兄さんのご飯を減らして、弟に食べさせるでしょうか。弟さんにしたって、そんなことは嬉しくないはずです。家族それぞれが自分のできることを精一杯やって、共同で責任を持ち、ご褒美も家族みんなで分かち合うことの方が、幸せではないでしょうか。

個人を特別に評価する成果主義や能力給の制度を導入すると、目先に表れる数字にだけ関心がいってしまいます。社員同士の協調よりも、自分の成績が大事になるわけです。極端な場合は、となりの社員の成績不振を喜んだりします。成績の悪い年長者を軽んじるような風潮も生まれます。

これでは、社内の「和」は保てません。なにも会社を仲良しクラブにしろと言っているわけではありません。むしろ、会社の真の成長を求めて、いつも侃々諤々《かんかんがくがく》の議論が巻き起こっている方が望ましい。ただし、会社というのは、社内一丸となって事に当たる時が、一番力が発揮できます。そうした「一丸となって頑張る」力を、成果主義や能力給は削《そ》ぎかねません。最近の「自分さえ良ければ、それでいい」「今さえ良ければ、それでいい」という風潮も、成果主義や能力給の広がりと無縁とは思えません。

もう一つ、私が年功序列を良しとする理由があります。結婚し、子供が生まれ、その子供たちが学校へいく。こうした成長を考えてみると、やはり四〇代、五〇代の人たちの出費がかさんできます。個人の暮らしぶりのことは、仕事の業績とは関係ないとするのが成果主義ですが、これも短期的な考え方だと思います。

「トンビがタカを生む」という例え話もあるように、トンビのような親から、タカのような子供が生まれることもあるのです。その時に、親がトンビであったために能力給が低くて、タカのように優秀な子供が満足な教育が受けられない、という事態は避けなければなりません。それは国家的な損失です。

大袈裟に聞こえるかも知れませんが、学業を途中で断念せざるを得なかった私は、親がトンビであれタカであれ、子供たちには等しく教育を受ける機会を与えたいと願っています。そのための年功序列制度でもあるのです。

最大の効率化は幸せ感が生むモチベーション

成果主義や能力給を導入しないと言うと、「そんなことでは社員のモチベーションを上げられないのではないか」と疑問を持つ経営者の方もいると思います。しかし、成果主義や能力給では、真の意味でモチベーションを上げることはできません。今の若い人は、かつての私たちの世代のように、お金が欲しい、地位が欲しいと強くは願わないからです。

成果主義や能力給を導入しても、それが良かったと感じる社員は、思いのほか少ないのではないでしょうか。この世の中、給料が抜きん出て高くなったり、地位がポンポンと上がるような人がそうそう出るわけではありません。一時は、いい目をみた人も、長くは続きません。むしろ、ギスギスと管理されて、尻を叩かれている気分に陥る人が多いと思います。これからの若い人はもっとそうなるでしょうが、彼らが望んでいるのは、穏やかな人間関係の中で、自由にのびのびと仕事ができる職場です。

これは甘えを許すこととは違います。自分で自分を律しながら、常に向上心を持ち、新たな目標に挑戦していかなければ、会社にとって必要な人材とは認められません。管理されるよりも、もっと難しいことなのです。よほど高いモチベーションを持たない限り、実行できないでしょう。

私は、社員のモチベーションを上げるのは、お金や地位ではなくて、

「働いて、去年より良くなった、去年より幸せだ」と感じられることだと思います。去年より今年、今年より来年の方が、幸せ感が増してくるような会社。そんな会社にいれば、自然とモチベーションは上がってきます。

だから、経営者は、今年は去年より少しでもいいから、社員が幸せを多く感じられるようにすることが大切です。給料も、ある年はドカーンと上がったけれど、翌年にはガクっと下がるようでは、社員は安心していられません。少しずつでもいいから、毎年上がっていく方が、幸せを感じられるのではないでしょうか。

職場環境も同じです。かんてんぱぱガーデンをつくろうとしたのは、毎年敷地の手入れをしていけば、だんだんと良い職場環境ができてきて、社員たちも喜ぶに違いないと考えたからです。オフィスにしても、常に会社のその時の実力より「少し贅沢かなあ」というくらいのものを設けてきました。人が増えても、それ以上に一人当たりが使えるスペースが広くなるように心がけました。社員食堂は、オフィスの一番いい場所に設けるようにしています。

こういう些細なことでも、社員の幸せにつながるなら、どんどん実行すべきです。社員も、会社や職場に対する愛着が深まってきます。

伊那食品工業では、社員貸付制度も充実させています。お金に困った時には、消費者金融などに行かずに、まず会社に相談しなさいということです。社内預金制度もあって、他の金融機関よりちょっとだけ高い利息を付けています。ほとんどの社員が、利用枠の上限まで使っているのではないでしょうか。これらの制度も、社員に安心感を与え、モチベーションアップに一役買っています。

こうして社員のモチベーションを上げることが、実は経営の最大の効率化なのです。どんな最新の機械を入れるより有効であると言えます。

忘れてならないのは、人というものは特に若い人は、心の底では正義感を持っているということです。会社や経営者が、反社会的なことをしていれば、社員のモチベーションは確実に落ちます。反対に、自分たちのやっていることが、「世のため、人のため」になると確信できれば、どんなに苦しくても頑張って働こうと思うものです。「間違った世の中を正してやろう」くらいの気概を持った経営者に、社員たちはついてくるのです。

安いからといって、仕入先を変えない

「会社を永続させる」こともそうですが、私の経営に対する基本的な考え方は、「継続する」というものです。地域貢献のためのさまざまな寄付行為も一度始めたら、滅多なことでは止めないという話は既に述べました。

当たり前のことですが、どんな些細なことでも「継続」していけば、力になります。間違った方向に「継続」していけば、間違いが大きくなるの

で、注意しなければならないのは言うまでもないでしょう。正しい行為を「継続」させる。これが一番の力になります。

伊那食品工業では、仕入先もほとんど変えません。安い仕入先を探して、どんどん変えていくことは絶対にしません。むしろ、一度お付き合いさせて頂いた仕入先は、大切に扱います。盆暮れの付け届けもしますし、無理な値切りもしません。

こう言うと、「それじゃ、仕入れコストが高くなるのでは」と疑問を持たれる方もいると思います。しかし、そんなことはありません。こちらが相手のことを大切に扱えば、相手もこちらを大切に扱ってくれるものです。「よーし、あの会社は甘いから、ひとつ儲けてやれ」というような会社とは、最初から取引きしません。ですから、取引きを始めるまでに、お互いの信頼関係を十分に築いておくことが大切です。この会社は長くお付き合いができるかどうか、慎重に考えます。値段が安いからといって、すぐに飛び付くようなことはありません。

それこそ「継続」して、相手もこちらもともに長く繁栄していけるような関係がつくれなければ、商売とは言えないでしょう。仕入先に、原価を割り込むような値付けを要求しても、一時は良いかも知れませんが、長い目で見ればマイナスです。

相手はこちらに不満を抱くでしょうし、相手は相手で自分の仕入先に無理を言うようになります。それが、次つぎと連鎖していけば、どうなるでしょうか。悪循環に陥ることは、目に見えています。

繰り返しますが、人の犠牲による利益は利益ではありません。仕入先に無茶を要求して出た利益は、正しい利益ではないのです。仕入先とは、ともに末広がりに繁栄できるような関係でありたいものです。こちらがそう考えていると、不思議なことに仕入先もこちらの繁栄を願ってくれるようになります。

私が、仕入先を安易に変えないことにしたのは、老舗《しにせ》企業の経営に学んだことです。一〇〇年、二〇〇年と続く老舗には、それだけの多くの知恵があります。幾つもの尊敬できる老舗企業から、真の老舗となるための条件を、私なりに五つ導き出させてもらいました。以下のようなものです。

一　無理な成長はしない。
二　安いというだけで仕入先を変えない。
三　人員整理をしない。
四　新しくより良い生産方法や材料を常に取り入れていく。
五　どうしたらお客様に喜んで頂けるかという思いを常に持ち続ける。

こうして見ると、私の経営理念の根幹部分と重なっているのが分かります。いや、老舗こそ私が目指す経営だと言っても過言ではないでしょう。

・誤解されては困るのですが、「継続」とは「変えない」ということではありません。真の老舗というものは、ブランドにあぐらをかくようなことはしていません。その時どきの最先端の製造技術、原材料、販売方法、経営手法を用いて変化に対応してきたのです。だからこそ「継続」が可能だったわけです。時代に合わせ、革新を積み重ねることによってのみ、「継続」は達成されるのです。

信頼関係は契約書より大切

老舗企業の方がたとお付き合いさせて頂く中で、私は実に多くのことを学ばせて頂きました。中には、五〇〇年以上も続く老舗企業もあります。そういう老舗企業には、「実に懐が深い」と感じ入ることがしばしばです。

例えば、老舗企業は、今の代の経営者で終わりになることは考えていません。次の代、その次の代、さらにその次の代もと、永遠に続くことを考えています。自分の代で華々しい成果を上げることよりも、永く発展することを期しているのです。

だからこそ、老舗企業は決して成長第一志向ではないし、社員のリストラもしません。絶対に悪い商品はつくらないし、お客様を大切にします。今のお客様の子供も、またその子供も、お客様になって頂くことを願っているからです。

ある老舗企業の経営者の方とは、仕事を抜きにしても、人間対人間のお付き合いを二五年に亘って続けて頂いています。

「いずれは取引きしましょう」という気持ちは双方にあるのですが、私からも「買ってください」とは言わないし、相手の方も「買います」とは言いません。でも、気が付いたら二五年のお付き合いになっていました。

商売の取引きにおいては、商品が良いものであるということは基本です。

しかし、商品が良いだけではダメなのです。こう話すと、多くの方が「次は価格でしょう」と考えるようですが、私は価格より大切なものがあると信じています。

それは、商売をさせて頂く相手先との信頼関係です。価格は安いけれど信頼関係のない相手先と、価格は少し高いけれど信頼関係のある相手先を考えた場合、私は信頼関係のある相手先を選びます。価格よりは信頼が大切だと思うからです。老舗企業が、簡単には仕入先を変えないのも、こうした理由があるからではないでしょうか。

では、信頼関係はどうやって築けばいいのでしょうか。もちろん、相手の人格や気持ちを理解することは必要です。でも、ただ親しいだけでは、信頼関係ができているとは言えません。大切なのは、商売や経営の面で、正しい理念で結ばれていることだと思います。正しい理念を共有しているということです。それがあって初めて、商売上の信頼関係が築けたと言えると思います。

私は、老舗企業とお付き合いさせて頂く中で、長い時間をかけて信頼関係を築いて、そこから商売が始まればいいと考えるようになりました。私の代でなくても、次でも、その次でも構いません。でも、一度信頼関係ができると、それは契約書よりも堅い絆になります。お互いが安心して、ともに発展していこうという了解が出来上がっているからです。

ひるがえって、現代の経済社会は、目の前の数字を追いかけることに汲々《きゅうきゅう》として、余裕がありません。経済が発達してきた割には、文化が発展していません。

老舗は、経営と文化が一体化しています。これまで老舗一族からは、多くの文化人が輩出し、日本文化を高めることに貢献してきました。それは、老舗のイメージを高めることにもつながり、経営にも寄与するわけです。

老舗には、馥郁《ふくいく》たる文化の香りがします。文化を持たない老舗は、ありません。ここにも企業永続の秘密があるのではないでしょうか。文化は私たちに豊かさや快適さをもたらしてくれます。文化に目を向けない会社は、経済効率だけを物差しにして、社員や地域や社会の豊かさや快適さを気にかけないと言っているのと同じです。

不況の時にメセナ活動やスポーツ活動の支援を続けることは大変ですが、老舗に見習い、文化によって豊かさや快適さを提供していくことが必要だと思います。

身の丈に合わない商売はしない

伊那食品工業では一九八〇(昭和五五)年から、家庭向け商品の総合ブランド「かんてんぱぱ」を発売しました。現在では「かんてんぱぱ」ブランドには、二〇〇種類を超える商品がラインナップされていますが、目にしたことがないという読者の方もいらっしゃることでしょう。と言うのも、この「かんてんぱぱ」ブランドの商品は、店頭では地元の長野県と隣の山梨県の一部でしか販売していないからです。ほとんどは、通信販売によって直接消費者の方に売っています。

今までこうした販売手段に頼ってきたのは、「身の丈に合わない商売はやらない」と考えているからです。過去には、一挙に販売量を増やせるチャンスもありましたが、見合わせてきました。

少し以前の話になりますが、「かんてんぱぱ」の中に「カップゼリー80℃」という人気商品があります。一九八一（昭和五六）年に販売を始めました。80℃のお湯で溶いて、常温に放置しておけばゼリーに固まり、冷蔵庫で冷やせば一層美味しく頂けるというものです。

その簡便さが受けてヒット商品となりました。今では、オレンジ、青りんご、グレープフルーツ、ぶどう、コーヒーなど一〇種類の味が揃っています。

この「カップゼリー80℃」を発売した後、大手スーパーから「全国の店舗で販売しないか」というお誘いを受けました。大手のスーパーで扱ってもらえれば、「カップゼリー80℃」は一挙にメジャー商品になるでしょう。売上げも急増するでしょうし、「かんてんぱぱ」の知名度も飛躍的にアップするに違いありません。

当社の役員もほぼ全員が、スーパーでの販売に賛成でした。役員会でも「ぜひ、やらせて頂こう」という意見ばかりです。しかし、私は考えに考えた末、このお誘いを断らせてもらいました。当時の伊那食品工業の「身の丈に合わない」と判断したのです。

全国展開しようとすれば、臨時に人を雇ったり、にわかづくりの生産設備を設けたりしなければなりません。場合によっては、品質管理を十分に行えない事態も生じるかも知れません。

目先の利益を求めて無理をすることは、後あと禍根を残すことになりがちです。十分なフォローができそうもない中で、背伸びした商売は止めようと、私は判断しました。

また、私はこうも考えました。特定の流通チャネルだけが大きくなってしまえば、どうしてもそこに頼ってしまうことになり、バランスのとれた経営が難しくなるのではないか。そうした不安もありました。今風に言えば、リスクヘッジを考えたということです。

時間はかかるかも知れませんが、いろいろな分野の商品を開発し、生産拠点を分散させ、販売チャネルも多様化させることが、バランスのとれた経営を実現させる方法だと考えたわけです。

幸いなことに、現在では当社が扱う製品は一〇〇〇種類にも増え、食品業界から外食業界、化粧品業界、医薬品業界へと販売先も広がってきました。直営店も出店し、インターネットなどを利用した通信販売が伸びてきています。

当社では、返品のない販売を目指しています。食品の場合、売れ残りや賞味期限の切れた商品は焼却処分するしかありません。もったいないと分かっていても、ゴミとして燃やすしかないのです。

これは経営面での損失だけにとどまらず、資源の無駄遣い、地球環境への悪影響といった意味でも、避けなければならないことだと言えるでしょう。

当社の場合、「身の丈に合った」商売を心がけていく中で、過度な返品問題を避けることができるようになったと思います。この点でも、「年輪経営」は大きな力になってくれたのです。

たくさん売るより、きちんと売る

日本の商品の販売経路は、簡略に言えば「メーカー―問屋―小売店」というのが王道です。それぞれが適正な利益を得ることで、この王道は維持されていきます。

ところが、現在の日本では、「市場原理主義」のような競争礼賛型の経済社会になってきており、適正な利益を得るのさえ難しい状況ではないでしょうか。メーカーも問屋も小売店も、どこも過当競争の中で、利益どころかコスト割れの中で喘《あえ》いでいます。

この大不況の下で誰もが苦しんでいると思いますが、今のままではみんながより貧しくなってくるように思えて仕方ありません。夢みたいな話だと笑われるかも知れませんが、「すべての会社が、仕入れ価格を一割アップ」させてみては、どうでしょうか。メーカーも問屋も小売店もすべて、一割高い価格で仕入れを行うのです。

逆に言えば、全部の企業が一斉に一割の値上げに踏み切るわけです。まさに不可能な話ですが、実現できれば、大きく見ると日本経済全体の付加価値を一割上げることにつながるはずです。下手な不況対策より、よほど夢のある話ではないでしょうか。

これほどの夢物語はともかくとしても、コストを割るような過当競争は、企業の永続を脅かします。

ですから、私は「たくさん売るより、きちんと売る」ことが大切だと考えています。仕入先にも利益を出す権利があるので、不当な値引きを要求しないということは前に述べました。逆に、私どもも利益を得る権利はあると考えているので、販売先にもそのことを認めて頂きたいと考えています。

私は当社の営業マンたちには、「理不尽な要求や屈辱的な取引きを強要されるようならば、大きな商いであっても、きっぱりと断っていい」と言ってあります。

かつて大口のお得意様だった会社の仕入れ担当者が替わり、前任者の時より価格を下げるように要求されたことがありました。新しい担当者は自分の成績を上げるために、値引きを強要している様子でした。その会社とは、かなり大きな商売をさせて頂いたのですが、その時は、取引きを止めざるを得ないと判断しました。

「買ってあげるんだから、俺たちの方が偉いんだ」というような態度は間違っています。自戒も込めて繰り返しますが、商売は売り手と買い手が対等なものです。ともに繁栄していくのが、正しいあり方だと思います。買い手がバイイングパワーにものを言わせるような取引きは、長い目で見れば上手くいきません。

「きちんと売る」ということは、適正な利益を確保するということです。今の消費者は安売りだけを望んでいるわけではありません。その会社の経営姿勢に共感できること、そして品質の良い製品を変わらず提供してくれることを望んでいると思います。そのような商品であれば、値切らずに買ってくれます。

私の話を聞いて、知り合いの経営者が自分の店でも、安く大量に売るという売上げ至上主義を止めて、「きちんと売る」ことに切り替えたそうです。意味のないおまけやサービスも廃止したということでした。すると、それまでは年々利益も減っていたのに、最近では利益も安定してきたと言います。

過度な値引きや過剰なサービスなどは、商売を疲弊させます。最初は飛びついたお客様も、だんだんと慣れてきて、より「過激なもの」を望むようになります。「過激さ」には当然、限界があります。「過激さ」の果てには、会社の消滅が待っているだけです。

当面は苦しくても、「良いものを適正な値段で売る」ことが、将来的には一番得になります。まさに「遠きをはかる」経営です。

利益の源は新製品で市場を創造し、シェアを高くすること

私が伊那食品工業に入社した頃には、寒天の市場もほとんどない状態で、「寒天業界で生きてゆけるだろうか」と不安ばかりでした。当時は技術も未熟だった上に資金も乏しく、とても希望を持てる状態ではなかったのです。

とにかく、自分たちで寒天の需要を掘り起こすしかない。そう覚悟を決めて、寒天を使ったお菓子をつくり、「こういう商品はいかがですか」とお菓子メーカーに売り込むことから始めたのです。以来、伊那食品工業は

寒天の新しい用途を徹底して追求してきました。私は、このことを「深《しん》耕《こう》」と呼んでいます。

簡単に言えば、寒天はテングサやオゴノリなどを煮詰め、寒天のエキスを抽出して棒状や糸状、粉状に固めただけのものです。しかし、どのようなものでも「深耕」すれば、奥行きは無限です。

例えば、ある時に、固まらない寒天ができてしまいました。失敗作です。でも、これを何とか使えないかと考え、この失敗品の量産技術を確立したところ、化粧品やソフトな寒天として、介護食にも用いることができました。さらに、飲料などもつくりました。この凝固力を抑えた「ウルトラ寒天」は今日では、広くいろいろな用途に使われるようになっています。

また、横浜市立大学医学部の杤久保《とちくぼ》修《おさむ》教授との共同研究で、寒天がメタボリック・シンドロームの改善に役立つことが分かり、メタボリック・ダイエット用の寒天製品もつくりました。食事前に、一八〇グラムの寒天ゼリーを摂取しておくと、メタボリック・シンドロームの改善に効果があるのです。

このように「深耕」を重ねるうちに、当社では、既に六〇件の特許を取得し、さらに多くを出願中です。商品も一〇〇〇種類を超え、お菓子メーカーから外食産業、医薬品メーカーへと市場も広がってきました。もちろん、家庭用の「かんてんぱぱ」ブランドも、今日では売上げの四割を占めるまでに成長しています。

当社は早くから「研究開発型」企業を目指しました。というよりも、それしか生きる道がなかったのです。既存の市場というものが、なかったわけですから。寒天という一つの素材を深く掘り下げることで、多くのお客様、いろいろな業界と結びつくことができました。

当社の強みは、新しい商品を開発して、自ら市場を創り出すところにあります。そこでは、当社の製品が高いシェアを持てるわけです。無益な安売り競争にさらされることもありません。これが適正な利益を確保できることにつながります。

もう一つ、当社の強みがあります。それは、工場に設置する生産機械をかなりの程度まで、自社でつくってきたということです。最近でこそ、機械の大型化に伴い、外部の機械メーカーに依頼することも増えていますが、それでも小さな機械は自前で製作できます。そのために、機械工学の専門家もいます。多い時には、機械工作の部門だけで二〇名ほどの社員がいました。

これによって、オリジナルな生産設備が多くできました。そのため、当社でヒット商品が生まれても、他社は簡単には真似ができなかったようです。さらに、機械工作の部門を持ったことで、機械のメンテナンス力も上がりました。故障してもすぐ直せます。改善も容易です。このため、工場の稼働率も高くなりました。

自社で生産設備をつくることは、大きな競争力を生んでくれました。これも元はと言えば、資金不足で機械が買えなかったことから発しています。資金は有限でも、知恵は無限です。私が「商売は知恵比べ」と言う所以《ゆえん》です。

性善説に基づくと経営コストは安くなる

日本の企業というのは、性悪説に基づいて経営をしているところが多いのではないでしょうか。だから、社員を規則で縛ったり、評価という名の管理を行っているわけです。仕入先も得意先も性悪説で付き合えば、油断も隙もないということになります。集金ひとつとってみても、期日には自ら出向いて支払いを受けるようなことをしなければなりません。これらにかかるコストは莫大なものです。

逆に、性善説に立った経営を心がければ、コストはずっと安く上がります。社員のやっていることをいちいちチェックする必要がなくなれば、管理部門の経費は大幅に低くなります。人件費も少なくて済みます。仕入先や得意先とも、十分な信頼関係で結びついていれば、不要な手間は取り除けるものです。

私がよく出す例えは、日本の鉄道とヨーロッパの鉄道との違いです。日本は鉄道に乗る場合、改札で切符のチェックを受けて、車内でも再びチェックを受けます。グリーン車に乗ると、駅に止まるたびに車掌が回ってきて、新しい乗客を確認していきます。

一方、ヨーロッパの鉄道に乗ると、高速鉄道などを除けば、切符のチェックはほとんどありません。駅の改札でも、形ばかりです。無賃乗車の罰則は厳しいようですが、大半の乗客は良心に基づいて正しく切符を買っています。無賃乗車する人は少ないようですし、仮にあったとしても運行コストにたいした影響は与えない程度だそうです。

日本の場合は性悪説に立っていて、ヨーロッパの場合は性善説に立っていると言えます。同じ鉄道料金を取るにしても、性善説に立てば、切符の確認ではなく、他のサービスにコストを振り向けられるはずです。

例えば、当社では顧客サービスに役立つことであれば、それぞれの社員の判断で実行していいことになっています。かんてんぱぱガーデンを訪れたお客様で、足の不自由な方などがいらした場合は、タクシーの手配や場合によっては駅までの送迎なども、現場の判断でやれます。それを口実に、社員が仕事をサボることなど考えてもいません。すべて、性善説に立って、社員を信頼しているからです。

また、かんてんぱぱガーデンには、ガードマンを置いていません。誰でも好きな時に自由に出入りできます。ガーデン内の井戸水も汲みたい放題にしてあります。お客様を信用しているからです。お陰さまで、問題は起きていません。素敵なガーデンをつくっても、人を疑って楽しんでもらえなければ、その価値は半減するでしょう。

これらはささやかな例ですが、伊那食品工業は性善説に基づいた経営をしています。人は信頼されると、それに応えようとする気持ちが湧いてくるものです。逆に、疑うと、「なんだ、俺を信用してないのか」と嫌な気持ちになります。会社にとって、どちらがプラスかは、言うまでもないでしょう。

社員だけでなく、取引先とも性善説に立って、お付き合いしたいと考えています。二〇〇八年に五階建ての研究棟（R&Dセンター）を新設しました。これについては、設計事務所や建築会社は、以前からわが社の建物を手掛けているところにお願いしました。入札などしません。毎年のように建築工事をしていますが、以前から継続して、いつも同じ会社にやってもらっています。信頼して任せているわけです。不当な価格設定や、手抜き工事など考えられません。むしろ、採算を度外視して良い建物をつくろうとしてくれます。

実は、当社が性善説に基づく経営を行うことができるのには秘訣《ひけつ》があります。それは教育です。経営者自身はもちろんのこと、教育によって社員全員が「正しい心」を持たなければ、性善説の経営はできません。だから、私は「経営者は教育者でなければならない」と考えています。このことは、第四章で詳しく述べます。

株式上場はしない、決算は三年に一回くらいでいい

当社の株式上場については、一五年以上前からいろいろと研究しました。多くの関係者に会って話も聞きました。その結果、私は株式上場をしないことに決めたのです。遠い将来、経営者が代替わりして上場を考えること

がないとは言えませんが、少なくとも私の代では行わないことを定めました。

株式上場すれば、私もそうですが、未公開株を持っている創業者、経営者は莫大な資産を手にできます。会社としても、多額の資金を得られて、設備投資などに回すことができるようになります。こうしたメリットを享受したいと考える経営者が多いことも事実です。

しかし、私は莫大な資産や多額の資金を得られる反面、まことに不自由な、もう少し言わせてもらえれば意思に反した経営を行わなければならなくなると感じました。ならば、お金に目がくらむことは止めよう、私自身も「自分でメシが食えて、病気になった時に病院に行けるくらいのお金があればいい」と覚悟を決めたわけです。

上場会社が、株主の利益を重視することは当たり前です。しかし、最近の傾向を見ると、あまりにアメリカ的な「株主の利益最優先」の考え方が、株式市場を覆っています。社員の幸せより、株主の利益を優先させるために、社員の給料よりも、株主への配当を重視することになりがちです。リストラなどは、その最たるものでしょう。リストラ策を打ち出すと、株価が上がったりします。これは、社員を犠牲にして、株主や投資家たちの利益を守ろうとする以外の何ものでもありません。

株式市場関係者や投資家たちと話をしていても、誰も「社員の幸せ」なんてことは口にしませんでした。代わりに、株価の評価のために、できるだけ期近の経営数字を出すように求められます。四半期ごとの決算は当たり前で、月次《つきなみ》決算、日次《ひなみ》決算さえ話題に出ます。

私は、決算など三年に一回くらいでちょうどいいと思っています。それくらいの余裕があると、「遠きをはかる」経営が実践しやすくなるからです。株主というものは本来、その会社の理念や姿勢を評価して、応援してやろうという気持ちから、株式を買うものです。この会社の株は値上がりしそうだから買っておこうとか、株価が上がったら売り抜けようと考えるのは、マネーゲームです。

今の株式市場は、そうしたマネーゲームが跋扈《ばっこ》する未熟な状態にあります。極端に言えば、マネーゲームのために、社員の幸せを犠牲にしなければならない場面が出てくるのです。何のための会社経営なのでしょうか。私には、本末転倒のように思えます。だから、株式市場に上場することは諦《あきら》めたのです。

最近でこそ、地球環境に貢献する企業が株式市場でも評価されるようになってきました。しかし、社員が楽しくなることに、快適になることに投資する、また地域社会に役立つために投資をするということは、あまり評価されません。そのようなことに投資するくらいなら、利益として残した方が良いと見られます。

これでは、私の目指す経営はできそうもありません。売上げや利益ではなく、社員の幸せが徐々に増えてゆく経営。そのためには、「年輪経営」で低成長を心がける経営。こうした経営が正しく評価されるようになるまで、株式上場はお預けです。

今日のベンチャー経営者の中には、最初から株式上場なり、株式公開を行って、創業者利益を得ることを目的にしている人もいます。会社を「お金を得る道具」と考えているのでしょう。証券会社も自分たちのビジネスになるので、それを良しとしているところが見受けられます。

しかし、企業には社会的責任があります。社員を幸せにし、社会に貢献しなければなりません。そうしたことを正しく評価し、長い目で企業を見守る株主やアナリスト、投資家が増えることを願って止みません。

マーケット・リサーチで「いい商品」は生み出せない

「遠きをはかる」経営では、将来のための種まきが重要になってきます。私たちのようなメーカーで言えば、新技術や新商品の研究開発です。伊那食品工業では、研究開発部門に社員の一割以上を当てています。

従来、研究開発部門は本社ビルの二階に置いて、会社全体としても力を入れていることを示していました。ところが、だんだんと手狭になったために、創立五〇周年を記念して、本社敷地内の少し高台となっている場所に、五階建てのR&Dセンターを新設しました。現在の人員からすると、スペースがかなり余ってしまいますが、将来を見据えて広めに設けたのです。

自分の勤めている会社が、研究開発型の企業を目指しているということは、社員のモチベーションアップにもつながります。新しい技術や商品を生み出して、社会に貢献していく姿勢は、末広がりの明るい将来を感じさせるものです。既存市場で「取った、取られた」のシェア争いを演じているより、新しい市場を開拓できるような商品を生み出し、それによってシェアを獲得していくという経営姿勢は、社員に希望を抱かせると思います。

寒天のように市場がないところから出発した商品では、自分たちで需要を創造していくしかありませんでした。時間のかかる地道な仕事ですが、やりがいはあります。

ただし、当社の商品開発は、独特かも知れません。通常ならば念入りに行われるマーケット・リサーチをほとんど行わないからです。消費者の嗜《し》好《こう》の変化とか、今スーパーで売れているものは何かとか、いわゆる市場調査というものを行いません。逆に、目新しいものとか、スーパーにないものを開発しろとも言いません。

「自分たちがいいと思うものをつくろう」と私は話しています。もちろん、自分たちの技術で、です。

世の中にあろうがなかろうが、世の中で売れていようが売れていまいが、そんなことには関係なく「自分たちがいいと思うものをつくろう」という姿勢を、私は貫きたいと考えています。もちろん、期待はずれの商品も出てきます。

でも、不思議なことに、それほど気にはかかりません。思うに、これまで市場ゼロのところからコツコツと開拓してきたので、「いい商品」であれば時間をかければ必ず受け入れられると、体験的に染み付いているのでしょう。

マーケット・リサーチというのは、既に過去になったものを調査しているわけです。その類のリサーチというのは結果を数字で表しますが、この数字自体が過去のものと言えます。まさに、数字を追っている人は、過去の方ばかりを見ている人なのです。

それでは「いい商品」は生み出せません。「いい商品」とは、「これは人びとの役に立つな」「これは人びとを幸せにするな」と感じられるものです。

ちょっと分かりにくいかも知れませんが、「人間のあるべき姿」を追っている商品だと、私は理解しています。人間の進歩していく方向に沿った商品ということです。

こうした商品は、いずれ必ず花開きます。会社も余裕がなくなると目先のことに走り、どうしても今すぐ売れる商品を求めざるを得なくなります。なぜ、そうなるのでしょうか。それは過去に種まきをしてこなかったからです。研究開発という種まきを継続していれば、常に何らかの花は咲いています。

不景気になると、研究開発費を大幅に絞る会社もありますが、それでは将来に明るい展望を持てなくなり、社員のモチベーションも下がってしまうのではないでしょうか。

経営戦略は「進歩軸」と「トレンド軸」を見極めて

経営戦略を立てる時に、私は「進歩軸」と「トレンド軸」という二つの座標軸から判断することにしています。

「進歩軸」とは、人間が過去から現在、そして未来へと進歩していく方向を示すものです。人間は紆余《うよ》曲折しながらも、大きな流れとしては「幸せ」や「理想」に近づこうと進歩しています。世の中が良くなっていこうとする、人間が本来あるべき姿に向かっていこうとする、その時に辿るのが「進歩軸」です。ですから、「進歩軸」は過去から未来に貫く縦の時間軸になります。

「トレンド軸」は、その時どきの流行を示すものです。「進歩軸」に直角に交わるイメージとなります。その時代時代で流行るものが、「トレンド軸」に乗っているわけです。流行は振り子のように振れます。だから、世の中の関心は「トレンド軸」の上を行ったり来たりします。

例えば、商品を開発する場合も、この「進歩軸」と「トレンド軸」を意識することが大切です。流行は大切ですが、それを追い回し過ぎると、振り子が戻った時に痛い目に遭います。それよりも、「進歩軸」に沿ったような商品をじっくりと育てることを心がけてきました。人間が幸福になるような方向の商品であれば、いつかは報われるものです。

最近の流行で言えば、「地球環境に優しい商品」があります。流行りのように見えるので、「トレンド軸」に乗っているように思われますが、根底には「人類の末永い幸福のため」という命題が横たわっており、「進歩軸」に合った商品群と言えます。

その中でも、あくまで「地球に優しい」という「進歩軸」に沿っていて、かつその時どきの「トレンド軸」に乗った商品がヒットするということです。

「かんてんぱぱ」ブランドの商品を開発した時にも、「進歩軸」という考え方は生かされています。核家族化や共働きが進む社会にあっては、「トレンド軸」は簡単につくれる食品です。

一方、そういう社会であるからこそ、一家団欒《だんらん》の象徴である「手作りの食べもの」は、家庭の本来の姿を取り戻す機会を与えてくれます。特に、お父さんも参加して、家族みんなで「手作り」を楽しめる商品にしたいと考えました。これが「進歩軸」です。「かんてんぱぱ」という名称も、そこから生まれました。このように、「かんてんぱぱ」ブランドは、「トレンド軸」を加味しながらも、「進歩軸」を強く意識して開発したものです。

最近開発した「可食性フィルム」も「進歩軸」に沿った商品だと確信し

ています。寒天を原材料にしたフィルムで、そのままで食べられるというものです。これは、ビニール袋などのゴミを減らそうと開発しました。既に当社の「かんてんスープ」の中袋などに使用しています。可食性フィルムの袋だと、袋ごとお湯に入れられます。コストは一、二円上がりますが、インスタントラーメンに入っている中袋などにも使えるなど将来が楽しみな製品です。

ある人気納豆商品に、当社の開発した寒天製剤を用いた「とろみたれ」が付いています。それまで納豆を食べる時には、タレの入ったビニールの小袋を開けなければなりませんでしたが、柔らかいゼリー状になった「とろみたれ」はそのまま納豆に混ぜるだけで済みます。指が汚れることもありませんし、ビニールの小袋のゴミも出ません。これもまた、「進歩軸」に合った商品と言えるのではないでしょうか。

「トレンド軸」だけを追った商品は、一時は良くても、その後スーッと消えていきます。少し長い目で見れば、効率の良くない商品です。やはり「進歩軸」を見据えた研究開発が大切なのです。

商品開発に限らず、経営戦略を立てる時には、まず「進歩軸」に合致しているかどうかを見極め、さらに「トレンド軸」に乗るように考えることがポイントだと思います。

安い労働力を目当てにした海外進出はしない

伊那食品工業は現在、韓国、チリ、モロッコ、インドネシアの四ヵ国に協力工場があります。ここから、粉末寒天の半製品を輸入して、日本で加工して商品にしています。かつては、寒天の原料となる海藻そのものを輸入していたのですが、現地の技術力も向上し、現地の会社もビジネスを広げたい意向を示したので、現在のような形となりました。

海外に原料を求めたのは、一九七〇年代後半のことです。高度成長期を経て、当時の日本の海はかなり汚れていました。寒天の原料となる良質な海藻が、だんだんと確保できなくなってきたのです。

そこに一九七三（昭和四八）年の第一次オイルショックが襲います。寒天の相場も急騰し、取引先にも迷惑をかけました。こんなことではいけないと、私は原料の海藻を求めて、世界各地を回ったわけです。オーストラリア、ブラジル、メキシコ、ベトナム、果ては大西洋のど真ん中のアゾレス諸島まで足を延ばしました。原料を仕入れることから始まった海外との取引きでしたが、信頼できる人たちとの出会いから、寒天の生産工場を立ち上げる技術指導を行うまでになりました。

その結果、今の四ヵ国に協力工場を持つことができたのです。協力工場には、資本は出資していません（例外的に、請われてチリの工場には「友情出資」しています）。資本を出すことで、現地の会社をコントロールするつもりなど、最初からありませんでした。だから、役員も置いていません。

それどころか、駐在員も置いていません。たまに技術指導のために社員を派遣しますが、これも二週間程度の出張です。駐在員を置かないのは、私が海外赴任を命じられたら大変だと思うからです。自分が嫌なことは、社員にも押し付けたくはありません。

出資をせず駐在員がいなくても、海外の協力工場との関係は良好です。これは最初から、当社の儲けのためだけに海外進出をするのではなく、相手の会社と共存共栄しようと考えたからです。最近の日本企業のやり方を見ると、安い原料を求めて、安い労働力を求めて海外へ進出するところが多いようです。これでは本当の信頼関係は築けません。

最初に原料を輸入したチリでは、「まず海藻は洗いなさい」とか、「選別はこうやって」とか、「乾燥はこうやりなさい」とか、私が手取り足取りで教えました。そして、選別や加工の状態が良くなれば、その分高く買い入れるようにしたのです。チリの人も大喜びで、さらに洗浄、選別、乾燥に力を注いでくれるようになりました。海藻の開発輸入です。

その後、信頼できる寒天メーカーと提携し寒天工場の整備に協力し、できた製品は、当社だけでなくヨーロッパやアメリカで売っても良いことにしました。この工場は、その後順調に育っていることは言うまでもありません。

インドネシアでは、海藻の養殖から指導を始めました。そして生産された海藻を当社が買い取ったわけです。今では大きな寒天工場もでき、インドネシアにおける一大産業となっています。国家的な事業に寄与したということで、私は水産大臣から表彰されたりもしました。

モロッコや韓国も条件は違いますが、現地の人と信頼関係を築いた上で、開発輸入を行ったのは同じです。相手の立場を考えて、相手が伸びるように商売をしていったわけです。より良い製品ができたら、より高い値段で買うようにする、可能な限りの技術指導を行って良い商品ができるようになったら、他で売ることを認めてあげる――当たり前のことですが、自分の会社のことだけを考えていたらできません。

真剣に相手のことを思って、長い間ともに仕事をやっている中で、いつの間にか深い信頼関係ができていました。今では、契約書がなくても、わが社の欲しいものは全部きちんとつくってくれます。社員同士の行き来も年に何回かはありますが、ビジネス上の難しい話はないので、楽しい旅行といった気分のようです。

「社会主義には信用という概念がない」と見切る

三五年以上、海外の会社と取引きをしてきて、最も大切なことは「信用」だと感じています。

私の胸の中には次のような思いがありました。明治初期の群馬の富岡製糸場などは有名ですが、明治時代に欧米から多くの技術者が来日し、さまざまな技術を日本に伝えてくれました。そのお陰で、今日の日本の技術、産業があるわけです。これにならって、私も及ばずながら途上国の人たちの役に立ちたいと考えたのです。

インドネシアに初めて出向いた時も、ほとんど報酬も受けずに、海藻の養殖から指導しました。そうして信用を得られるようになると、海外の経営者たちもだんだんと寒天の製造技術だけでなく、経営指導も受け入れてくれるようになりました。私の言うことは、日本でやっていることと同じです。会社の敷地には木を植えなさい、社員を大切にしなさい、と話しました。

木を植えることは、環境への意識を高めることに役立ちます。一方、社員を大切にすることは、インドネシアの企業ではあまり一般的ではなかったようです。

というのも、インドネシアでは労働力が有り余っている状態だからです。それでも私は口をすっぱくして「社員は大切にしろよ。それが経営のコツだから」と言い続けました。

ある時、インドネシアで暴動が起きて、日ごろひどい扱いを受けていた労働者たちが、会社を襲うという事態が発生しました。ところが、私が指導していた会社では、そういう暴動は起きなかったのです。後で、そこの経営者からは大変感謝されました。

ここ一五年くらい、中国に進出する日本の中小企業が増えてきました。中国に出ないと「バスに乗り遅れる」という感じで、我も我もと先を争っている状態です。中には、親会社の都合で進出せざるを得ない企業もあると思いますが、この「中国進出」の傾向はしばらく続くと見られています。

しかし、私は中国への進出は見合わせています。まず、脱硫装置もないようなボイラーが平気で操業しているという環境軽視の問題があります。ただ、それよりも大きな理由は、社会主義国には「信用」という概念が感じられなかったことです。

私は中国のほかソビエト（現ロシア）、北朝鮮、ブルガリア、ベトナムなど幾つも社会主義国を訪れたことがあります。もちろん、商売ができないかと考えてのことです。しかし、どの社会主義国でも、商品は「ただの商品というモノ」としてしか扱われていない印象を受けました。唯物論の国だからでしょうか。

私は、商売は「信用」がないと成立しないと考えています。「商品というモノ」の後ろには、それを生産する人、販売する人たちがいて、それらの人びとが「信用」で結びついていることが重要だと思っています。

これは、聞いた話ですが、ある会社が中国にタケノコの加工工場をつくったそうです。つくるまでは順調だったのですが、いざ工場が出来上がると、肝心のタケノコが集まって来ない。現地の人に話しても、「こんなハズじゃなかった」と言うばかりだったそうです。泣く泣く工場を安く売り払って日本に帰ってきたところ、今度は工場にタケノコがたくさん入ってきたということでした。

海外に進出する場合、大切なのは「どこそこの原料が安い」「あそこの土地は広い」「ここの人件費は低くできる」といったことではありません。いかに「信用」できる人を見つけ、その人と手を組めるかどうかです。

ですから、私は海外で仕事をする場合、できるだけ多くの人と会い、そのなかで「信用」できる人を見つけることから始めるようにしています。

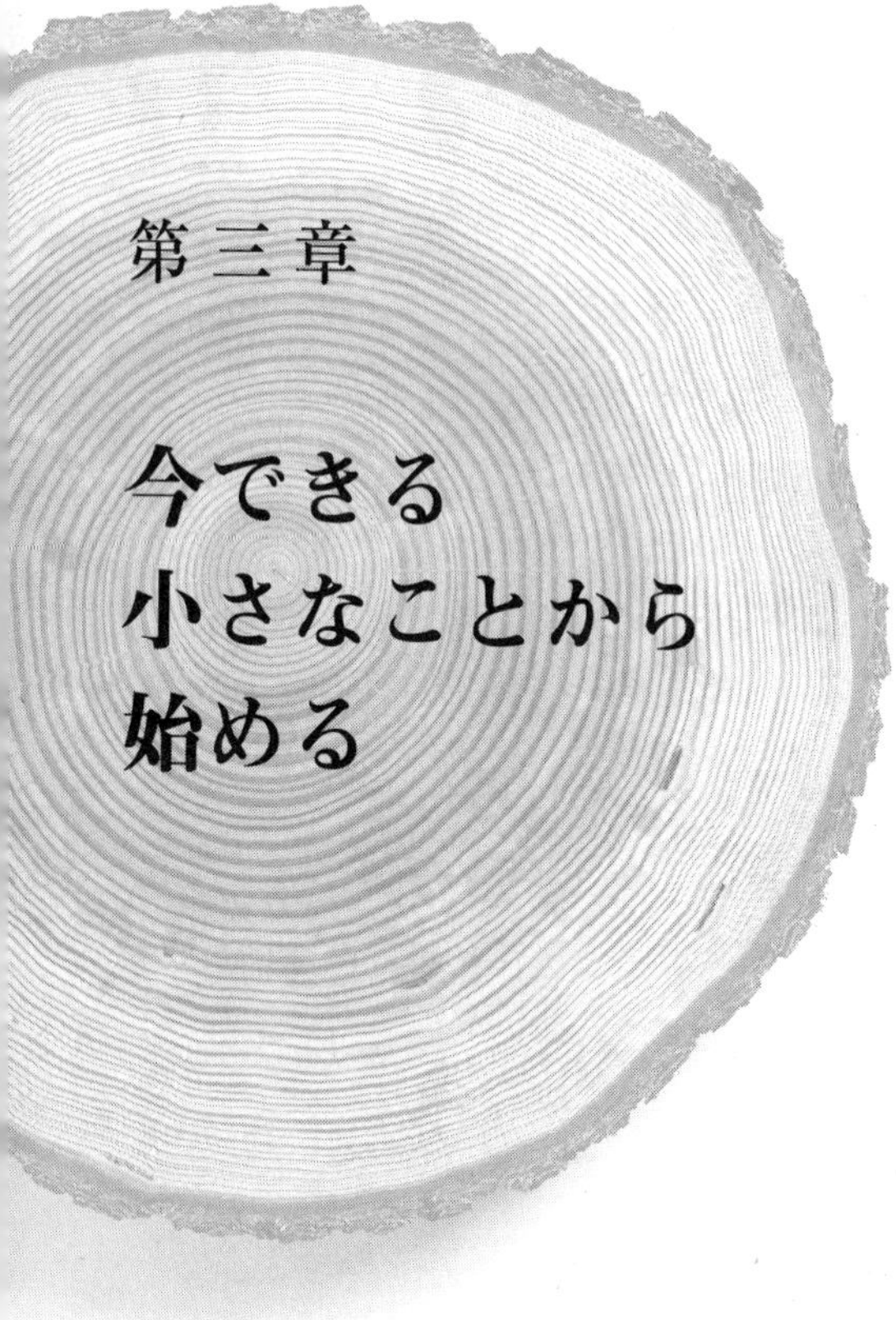

第三章

今できる
小さなことから
始める

「遠きをはかり」、今すぐできることから始める

よく周囲から「四八年も増収増益を続けてすごいですね。秘訣を教えてください」と言われます。講演の依頼もたくさんきます。でも、私は大概はお断りしています。なぜなら、経営には即効薬はないからです。私がお話しできるのは、「当たり前のことを当たり前にやるしかない」ということだけです。これでは、講演にならないでしょう。

今の経営者は即効薬を求め過ぎます。奇を衒《てら》うような上手い儲け方があるのではないか、と虫のいい方法を探しているのです。不景気で苦しいのだろうから、気持ちは分かります。しかし、そんなものはありません。

枝葉をどんなに伸ばしても、幹が太くならないと、木は倒れてしまいます。会社も同じです。その会社が持っている経営理念、これこそが幹であ

り、変えることなく培っていかなければならないものです。経営が行き詰まると、とかく新しいことを試みようとするものですが、その会社の原理原則に反することをやっても成功しません。

やはり遠きをはかって、地道に努力するしかありません。大切なのは、どんな小さなことでもいいから、今できることからすぐに始めることです。遠きをはかって「こうありたい。こういう会社にしたい」というビジョンを描いたら、いきなりそうはなれないのですから、「これくらいは今から準備してやっていこう」と考えて実行することが重要だと思います。

何百年も続いた老舗だって、最初から老舗だったわけではありません。創業の志を守って、コツコツと商売のあるべき姿を追い求めてきたからこそ、現在の姿があるのです。

中小企業でもすぐにできることは、たくさんあります。言葉遣いを良くする、丁寧な挨拶を心がける、掃除を徹底させる――これなら、お金もかけずに、今すぐにできるでしょう。「そんなこと」と、バカにしてはいけません。こうしたことが、ファンづくりにつながるのです。伊那食品工業では、この三つは社員全員に実行させています。今では、何も言わなくても、自然にできるまでになりました。

小さなことを軽んじることは、大きなことを軽んじることと同じです。小さな間違いでも、積み重なっていけば大きな間違いになります。逆に、小さくても良いことを行うと、好循環が生まれます。少しだけでも良くなれば、「また、もう少し良くしよう」と考えるのが人間というものでしょう。社員みんなが「もう少し良くしよう」と努力するようになったら、会社はどんどん良くなります。

ですから、私は小さいことにも口を出します。たまに「会長はそういう細かいことまで口を出さないで結構です」と言われますが、そのような時には「何が小さくて、何が大きいのか、どうやって分かるのか」と問うことにしています。

大きなお金が動くことだけが、大きなことでしょうか。多くの人に関わることだけが、大きなことでしょうか。ささやかなことでも良いことを行うことは大きなことだと、私は思っています。

その意味では、経営者は小さな現場でさえ知っていなければなりません。私は次のような例をよく言います。釘一本落ちていても、注意深く拾う人と、どうでもいいやと見過ごす人がいるものです。しかし、その釘が自動車のタイヤに刺さり、高速道路でパンクしたとしたらどうでしょう。大きな事故になるかも知れません。釘一本を小さいこととしてはいけないのです。一個の商品に不良品が出たら、全品を回収しなければならなくなることもあります。小さなことは大切なことなのです。

遠大な計画を立てても、実行できなければ、意味がありません。むしろ、今できることを見つけて、そこからスタートする方が、よほど意味があります。そう、何事も、大きな夢であっても、小さなことからで良いから、今始めなければと思います。

会社経営の要諦は「ファンづくり」にあり

会社にとって最も小さな核となるものは、何でしょうか。「小さなことこそ大切だ」と考える私にとって、これは大事な問題です。万物の源は、素粒子です。言わば「会社の素粒子」は何か、ということを考えるわけです。

私は「会社の素粒子」は、ファンだと思います。お客様というよりファンです。心からわが社の製品を支持してくれている方がたです。こうしたファンの人たちが集まって、わが社の核を築いてくれているのだと思い至りました。

会社経営の要諦《ようてい》は「ファンづくり」にあると言えます。いかにして、ファンを増やしていくか。経営者は、そのことに腐心しなければなりません。マス媒体を使った広告宣伝などを見て、当社の製品を買ってくれたお客様は、大切なお客様ではありますが、まだファンではありません。そこから、もう一歩進んでファンになって頂く努力をする、それが経営なのです。お客様だけではありません。仕入先や得意先、地域の人たちにもファンになって頂きたいと考えています。

伊那食品工業は二〇〇八年に創立五〇周年の節目を迎えました。これを機会に、お世話になっている各方面の方がた二〇〇〇名をお招きして、ガーデンパーティを開きました。感謝の気持ちを込めて、社員四〇〇名が総出で、手作り料理などでおもてなしさせて頂きました。

私も堅いスピーチなどしないで、来られた方がたに感謝の言葉をかけさせてもらおうと思いました。気が付くと、私は受付の脇に五時間も立ち続け、来客の方がたにお礼を述べ、握手をさせてもらっていました。

地域貢献の面でもこの年、ＮＨＫ大河ドラマの誘致に役立てて欲しいと、地元の行政に寄付させてもらいました。

さらに、通信販売のお客様にも感謝の気持ちを伝えたいと思い、抽選で五〇組一〇〇名様を、わが社にお招きすることにしました。ホテルや食事の世話をさせてもらい、会社やガーデンを案内しました。私も時間がある時には、訪ねてもらったお客様にお会いします。会長室で少しの時間、お話しさせて頂くわけです。これもファンづくりの一助になっています。島根から来られたあるお客様などは、帰られてから「女房とつくった米です」と、新米を贈ってくださいました。

こうしてわが社のことを知ってもらい、顔の見える関係ができると、本当のファンになって頂けたと感じます。一人ひとり増やしていくのですから、効率が悪いと思われるかも知れません。テレビや新聞・雑誌で宣伝した方が早いだろうと思われるかも知れません。しかし、私は逆だと考えています。

どんなに大きなビジネスでも、最後は一人対一人です。この一人を大切にできないようでは、いずれその会社は衰退していくことでしょう。一人ひとりのお客様を大切にし、ファンになって頂く。そうすれば、そのファンの方が当社のことを周りの人たちに伝えてくれます。それは、マス媒体の宣伝より遥かに効果的です。そうしてネズミ算式に、ファンが広がっていけば、その方が「会社の素粒子」は増えていきます。

社員一人ひとりが一日に何人のファンをつくれるのか——このことが会社の命運を握っているのです。そして、いかにそれを継続できるか、が大切です。でも、「ファンづくり」が仕事だと思えば、楽しくなってきませんか。今日は何人のファンをつくれるのか、朝そう考えればワクワクしてきませんか。その気持ちを大切にして欲しいと思います。

「ファンづくり」のためには、良い製品づくりも必要です。仕入先や得意先にも共感をもたれないといけません。会社のイメージを良くすることも大切です。

伊那食品工業が、取引先との信頼関係を大事にしたり、社屋や工場、ガーデンを常にきれいにしておいたり、挨拶や言葉遣いに気を付けているのは、こうした理由もあるのです。

掃除はもの言わぬ営業マン

どんな中小企業でも、個人事業でも、やる気になれば今すぐできて、効果抜群なのが（といっても、少し長い目で見てのことですが）、掃除です。たかが掃除と、バカにしてはいけません。掃除をすることは、商売繁盛のコツなのです。

きれいなところ、美しい場所に、人は集まってきます。人が集まってくるということは、そこに価値が生まれるということです。掃除が行き届き、木や花が植えてある会社は、それだけでイメージアップに貢献します。これこそ、商売の基本でしょう。

私は「掃除はもの言わぬ営業マン」と言っています。きれいな社屋やオフィス、手入れの行き渡った敷地は、来て頂いたお客様に安心感を与えます。

では、清掃会社にお願いして、きれいにしてもらったらいいのでしょうか。違います。社員自らが、自分たちの手できれいにすることが大切なのです。そのことによって、単にきれいな場所というのではなく、会社の理念や思想が表されているからです。

掃除が行き届いた会社の社員たちは、言葉遣いも丁寧で、笑顔がこぼれています。場所だけでなく、人間もきれいなのです。掃除は、それを行う人間も磨くのです。そういう会社を訪れた人は、安心感だけではなく、感動すら覚えます。経営者の神経が、会社の隅々まで行き渡っていることも感じてもらえます。まさに、掃除は最高の営業マンなのです。こういう事がありました。

京都を代表するある和菓子屋さんがあります。老舗中の老舗ですから、簡単に取引きなどさせてもらえません。当社でも、長いお付き合いをさせて頂く覚悟で、大阪の営業所がアプローチしていました。しかし、新参者の当社は、お世辞にも歓迎されていたとは言えません。それが当然だと思っていました。

その和菓子屋の社長が、団体旅行で、当社の本社を訪れました。なにせ「かんてんぱぱガーデン」は、年間三五万人が来客する観光名所にもなっているのです。

和菓子屋の社長は、観光コースに組み込まれていたので、何の気なしに当社に見えられたのでしょう。ところが、よく整備されたガーデンを歩き、掃除の行き届いた社屋を見て、驚いたようです。

京都に帰られてすぐ、大阪の営業所に電話がかかってきました。「どうぞ、来てください」。やがて取引きをさせてもらうようになりました。

その日だけ特別に掃除をしても、お客様には簡単に見破られてしまいます。毎日、毎日、同じように掃除しているからこそ、社員も含めて会社のすべてがきれいに感じられるのです。掃除をすることで気付きが増すとともに、会社への帰属意識や愛社精神も育ってきます。

みなさんも、いろいろな会社に伺うことがあると思います。そんな折に、掃除が行き届いているかどうか、観察することは有意義です。やはり、きれいにしている会社は信頼できます。

「あの会社は、トイレまできれいだった」とか、「あんな有名な会社なのに、すごく汚れていた」とか、「あの掃除のできてなさを見たら、心配になった」などと話しているのを聞くと、人はやはり掃除の行き届いてないような会社には不安を感じるものなのだなと思います。

人の見えるところだけ、きれいにしている会社も、かなり見受けられます。裏に回ったら、汚れたままです。こういう裏表のある会社も感心しません。「私は常に人を欺いています」と宣伝しているようなものです。これでは「最悪の営業マン」になってしまいます。

当社の社員たちは、自ら徹底的に掃除をしているので、掃除に対する目が肥えています。それは、取りも直さず、会社に対する目、社員に対する目、経営者に対する目が肥えているということです。これが、どれだけ商売の上で役立つかは、言うまでもないでしょう。

当社のトイレには一滴のしずくも落ちていない

伊那食品工業本社のトイレには建設以来一八年間、小便のしずくが一滴も落ちた形跡はありません。

もちろん、一滴も落ちていないトイレを実現するためには、「きれいにしろ、きれいに使え」といった精神論だけでは駄目です。技術論が必要なわけです。

なぜ、便器からしずくがはみ出してしまうのか。それは、便器から遠のいて用を足そうとするからです。なぜ、遠のこうとするのか。それは、便器に触れると汚いと思うからです。便器が手で触れられるくらいきれいならば、近寄って用を足すことは何でもありません。服が便器に触れても汚れる心配がなければ、もう一歩前に出られます。

要は、便器をピカピカにきれいにしておけば、一滴のしずくも外に漏れなくさせることはできるのです。当社では、社員が素手で、毎日便器を磨きます。便器の外も内も、素手で磨き上げています。だから、非常にきれいです。ズボンを押し付けても平気です。だから、一滴も落ちないわけです。

仮に間違って、来客の方がしずくを外に落としても、社員たちがすぐに拭き取ることが習慣になっています。気が付いた社員がサッサとやってしまうわけです。日ごろ自分たちで掃除しているから、できるのです。これが、清掃業者を雇い、トイレ掃除も任せていたら、社員自らが即座に拭き取るなんてことはしなくなります。

トイレに限らず、きれいにしてある場所は、汚せなくなる。汚したらすぐにきれいにしたくなる。これは、人間の本性でしょう。道路脇にポイ捨てのゴミが溜まっている場所を見かけますが、そのままにしておくと次から次へとポイ捨てされてしまいます。「ポイ捨て禁止」の看板も効果ありません。

しかし、その場所に、花を植えるとポイ捨てはなくなるそうです。きれいなところは、よりきれいになります。逆に、汚いところは、どんどん汚くなっていくものです。

私は社員たちに「掃除ができなくなったら、わが社はダメになるよ」と言い続けています。掃除が行き届いていないところを見つけたら、「うちの会社はダメになってきたよ」と嘆いて見せます。もちろん、私は本気でそう考えています。

一生懸命に掃除をするということは、それだけ会社に愛着を持っている証です。掃除をしてきれいにするから愛着が湧く。愛着が湧くから、よりきれいにしようと掃除する。そういうものだと思います。

きれいに片付き、花などが飾られたオフィスは、どうでしょう。それだけで、やる気が湧いてくると思いませんか。オフィスだけではありません。工場にある機械だって、きれいにしておけば稼働率も上がるし、工具のケガもなくなります。機械をきれいにすれば、愛着も増します。愛着が増せば、さらに手入れも良くなって、カタログには記されていないようなプラス面も出てきます。

何より、掃除をすることで、職場環境が良くなり、そこで働く人たちの快適さが増します。社員の幸せを増すという会社経営の目的に直結しているのです。

経営者は、社員がより気持ちよく、より楽しく掃除できるように、用具を揃えたり、時間を割いたりする努力を惜しんではなりません。当社では、敷地内に掃除用具小屋を設け、ほうき、スコップ、ビーバー、芝刈り機、ブロアー、カマ、剪定鋏《せんていばさみ》など庭園整備に必要なありとあらゆる用具を揃えています。会社で使うだけでなく、社員が自宅などでも自由に使用していいことになっています。

よく「塚越さんのところは、余裕があるから」と言われますが、そうではありません。余裕がない時から、掃除は励行していたのです。

小さな楽しみをつくって、社員のやる気をアップさせる

私が入社した頃の伊那食品工業は、資金難に陥っていました。生産設備を整えたくても、購入する資金がありません。自分たちで知恵を出して、合理化するなり生産性を上げるしかなかったわけです。だから、今でも私は、お金をかけずに経営や生産の効率をアップさせることが大切だと思います。

最近の経営者は、効率アップと言うと、すぐに何かの機械を買ったり、ＩＴを導入することを考えます。確かに、機械化や省エネ、ＩＴ化に取り

組むことは大切です。

しかし、現場での工夫があってこそ、それらは生きてきます。まず、知恵を出すことが先決なのです。知恵は無限大です。私などは、新しい何かを欲しがるだけの人間を見ると、ついつい「そんなもん、止めてしまえ」と言ってしまいます。

機械や装置に頼ろうとしている限り、本当の効率化、合理化はできません。もっと、根本的な対策に目を向ける必要があります。それは、人間のやる気を向上させるということです。社員のやる気をアップさせる以上の効率化策、合理化策はありません。

人間はやる気になって知恵を出し、体を動かせば、二倍、三倍の能力を発揮します。機械の稼働率を上げたり、新しい機械を入れたりするより、よほど効果的です。当社にいる四八〇人の社員が二倍働くようになれば、九六〇人の社員を抱えているのと同じです。生産性は、飛躍的に向上します。

資金が乏しい時期を過ごしたお陰で、私は「最大の生産性向上策は、社員のやる気アップだ」という確信を得ました。新しい機械やＩＴを入れるよりは、社員のモチベーションアップの方が大きな力になります。ここを勘違いしている経営者が多いようです。

社員のモチベーションをアップさせるのは、「去年より今年、今年より来年の方が幸せが増していると実感させること」というのは既に述べました。

しかし、伊那食品工業も創業してからしばらくは、そのような実感を持てる余裕がありませんでした。こうした時代にも、私は社員のやる気を上げるために、みんなに楽しみをつくってあげようと真剣に考えたものです。

当時、当社はしょっちゅう増改築の工事をしていました。自分たちでコンクリートの床をつくったり、タンクを据え付けたり、寒天を製造する以外にも、夜遅くまで残業して工事を続けたものです。

その作業を終えてから、必ずみんなで一杯飲んでいました。今考えると、ささやかな楽しみですが、それで社員の士気が上がるのです。よし、明日も頑張ろうと思えたものです。

また、ある目標を設定して、それが達成できると、仕事が終わってから近くの旅館に繰り出して、みんなで宴会をしていました。次の日、旅館から出社したこともあります。実に牧歌的なエピソードですが、目標設定と達成感というモチベーションアップの二大要素を、楽しみながら実施していたことになるでしょう。

機械はせいぜいカタログに記載された能力くらいしか期待できません。しかし、人間は違います。やる気が起きると、自ら仕事を追いかけるようになります。仕事に追われるのではなく、仕事を追うようになるのです。この差はとても大きいものです。人間の能力にカタログ値はありません。

やる気になれば二倍、三倍、時には五倍、一〇倍の力を発揮することも可能です。

経営者はそのことを良く理解して、高価な機械のカタログを眺める前に、社員のやる気を上げる方法を考えるべきだと思います。

社員旅行が楽しい会社は結束力がある

伊那食品工業では一九六九（昭和四四）年から、海外への社員旅行を一年おきに実施しています。もうかれこれ四五年近く続いているわけです。始めた頃は、社員旅行で海外に行く会社は珍しいものでした。社員たちは旅行のための積み立てを少し行っていますが、国内の時も海外に出る時にも、会社が補助をしています。

二〇〇八年の五〇周年記念の時にはいつもより一〇万円上積みして、社員全員がヨーロッパに行けるような予算付けをしました。ヨーロッパを希望した社員たちは、パリ、ローマ、ドイツなどに出かけました。ほかに、ニュージーランド、北海道のコースを選んだ者たちもいます。社員全員を一三班に分けて出かけさせました。

社員旅行は、娯楽や休暇など福利厚生の一環としてだけでなく、教育という面でも効果を上げるからです。異国の地で見聞を広めるということもありますが、普段と違った環境に入ることで自分たちのことを見つめ直すきっかけにもなるのです。

例えば、発展途上国などに行くと、自分たちが泊まるホテルはとてもきれいなのに、ちょっと路地裏に入れば不潔きわまりないということがよくあります。

そんな様子を目の当たりにすると、社員たちは、自分たちの職場や工場は外から見えるところだけでなく裏の方まできれいにしないと恥ずかしいと思ったそうです。「人の振り見て我が振り直せ」ではないですが、掃除に限らず挨拶、言葉遣い、応対など、社員は多くのことを学んで帰ってきてくれます。

「うちの若い者は、社員旅行というと嫌な顔をするよ」と嘆く経営者の方もいますが、残念なことだと思わなければなりません。社員旅行が楽しくないから、そうした話が出てくるのでしょう。社員旅行が楽しくないということは、職場が楽しくないということです。そんな職場で働いている社員は不幸せでしょう。モチベーションが高まるはずもありません。

幸いなことに、当社ではみんなが社員旅行を楽しみにしてくれています。これは社員たちが家族的なつながりを持っているからだと思います。まさに「伊那食ファミリー」の家族旅行なのです。

仲間に障害者の方がいて、私などは「難しいのではないか」と心配するのですが、周りの社員たちが「大丈夫です。私たちが面倒みますから」と言って、連れていきます。自分たちのことだけを考えたら、このようなことはできません。やはり、ファミリーなのだなあと感心させられます。

社員同士仲がいいと、旅行プランを練る時も盛り上がりが違います。旅行代理店がつくったお仕着せのプランではなく、仲間で話し合って、好きなプランを組み立てます。ある班がニュージーランドに行った時などは、オートバイとレンタカーで五〇〇キロを移動して、目的地のホテルに入ったようです。

社員旅行に行けば、社員たちはますます仲良くなります。そうすれば、職場はもっと楽しくなり、風通しもより一層良くなります。仕事にもプラスになります。すると、もっと楽しくなる、という具合に好循環が生まれるわけです。

そうなれば、社員の誰かが困っていたら、みんなで助けるようになります。子会社の社員の子息が四階から落ちるという事故があった時も、すぐカンパが行われ、かなりの金額が集まりました。社員の自宅が火事になった時なども、何班かに分けて緊急に手伝いに行かせました。当然カンパも行いましたが、会社としても自宅の建て替え資金を、無利子で貸し出しました。

こうした会社や社員の結束が、伊那食品工業の強みなのです。

社員の健康を守るための投資は惜しまない

伊那食品工業では、創業からしばらくの経営の苦しい時代から、職場環境を良くすることに力を入れてきました。私自身、現場に立って、海藻を煮たり、プレスをかけるなどの肉体労働に従事していました。だから、現場の苦労は手に取るように分かります。

寒天製造は、水を大量に使う仕事です。足元にはいつも水たまりがあるような状態でした。水びたしですから、工場そのものも汚らしかった。当時、社員たちはみんな長靴を履き、重いゴムの前掛けをして、作業していたものです。そんな状態で一日中水仕事をしていると、冷えからリウマチのような症状になってしまう社員もいました。

こんな職場環境を改善するために、私は「長靴よ、さようなら運動」を行いました。長靴ではなく、スニーカーで仕事ができる工場にしたいと考えたわけです。

実は、資金があれば、水たまりをなくすことは簡単なことです。水が垂れてくるところに受けを設けて、それをまとめて流せばいいわけですから。ところが、その頃は貧乏な会社ですから、資金がありません。社員たちの創意工夫で、水漏れを少なくしたり、受けを手作りして、水たまりをなくしました。そして、ついに運動靴で作業できる環境を実現したのです。同時に、掃除も行き届くようになりました。

他にも、忘れることができない経験があります。これも創業して間もない頃のことです。当時、ところてんをつくるためのプレス脱水には、重石を使っていました。この重石が滑って社員にぶつかってしまい、その社員は複雑骨折の重傷を負いました。長期休業を余儀なくされるほどのケガでした。

私はこれを単なる事故として見過ごせませんでした。社員をこんな危険な目に遭わせてしまう仕事をしていていいのか。会社は、社員を幸せにしなければいけないのではないのか。

このまま重石のプレスを使っていれば、同じような事故が再び起きないとも限りません。新しいプレス機を導入すれば良いのですが、それを行うには多額の資金が必要となります。その金額は、当時の当社にとっては、過大投資とも言えるほど大きなものでした。

投資コストの回収はおろか、場合によっては、会社の屋台骨を揺るがしかねない投資でした。私も悩みました。社員の安全を図ることは当然でしょうが、そのために会社をなくしてしまっては元も子もありません。

思い悩んだ末に、私は新しいプレス機の購入に踏み切りました。安全に働ける環境の方を選んだのです。社員を不幸にするような会社なら無いほうがいい、そう思い切りました。

「目の玉が飛び出る」ほど高い新型プレス機を導入して、その後どうなったのか。まず、安全性は確保できました。加えて、生産性も大幅に向上しました。何よりも、社員が喜んでくれて、やる気がアップしたのです。それによって、会社の経営にもプラスに働きました。

結果として、この決断は大成功でした。そして、私は大きなことを学びました。「社員をケガから守りたい」という動機が正しかったから、好い結果につながったということです。動機が善であれば上手くいく――これが私の信念になりました。社員を守るための投資は惜しんではならないと確信したのです。

二〇〇五年の寒天ブームの時に、当社では初めて三交代制で、工場を二四時間稼働させました。需要の急増に対応するために社員が自発的に実行してくれたのは、前に述べたとおりです。しかし、やはり体調を崩す社員が出てきたので、止めました。「三交代制ならば、同じ工場で三倍稼げる」と考える経営者もいますが、私は与しません。社員の健康（幸福）を考えるならば、操業を止めるとエネルギーロスの著しい業種は別として、普通の業種ではなるべく深夜労働は避けるべきだと思います。

経営とはみんなのパワーを結集するゲーム

伊那食品工業の役員会は、言わば「雑談会」です。特別な場合を除いて、テーマらしいテーマも設定していません。各役員から、一週間の報告があって、それを基に雑談をしているようなものです。報告と言っても、ビジネスレポートのようなものではありません。今週はこんなことがあった、誰それさんが見えられた、こんなことが気に掛かったなど、本当に雑談に近い話です。時には、当社には直接関係のないニュースが取り上げられることもあります。

しかし、こうした雑談の中で、細かい情報が共有化されていきます。それが、伊那食品工業をできるだけ風通しのいい、オープンな会社にする手段の一つなのです。単なる数字の報告ではなく、エピソードを話し合うことで、相互理解はぐっと深まります。ニュースの話題だって、あんなことが起きたらどうするのか、事前に何かできなかったのか、という雑談を繰り返す中で、当社の方向性や対応の仕方などについて、自然と役員の中でコンセンサスが生まれていきます。

会長である私が話している時間が長いのですが、私そっちのけで雑談に花が咲いている場合も結構あります。何も私の話を拝聴しろなんてことは言っていませんから。私が話していても横から勝手に入ってきたりします。侃々諤々の雑談です。私も時どき「ちょっとは黙って、俺の話も聞けよ」などと言わなければならないほどです。まさに、ワイワイガヤガヤ、「ワイガヤの役員会」です。

役員同士だけじゃなく、社員同士も気楽に話ができる雰囲気が大切です。上司の指示を聞くだけ聞いておいて、裏で悪口を言っているような会社は問題です。役員は個室を持っていて、それぞれが殻に閉じこもっているように見える会社もあります。どうして、個室などが必要なのでしょうか。コミュニケーションを悪くするだけです。

私の知っている一部上場企業で、役員がガラス張りの部屋にいるところがあります。部屋というより、ガラスの仕切りだけです。デスクなんかも、社員と同じものを使っていました。社員の様子も、役員の様子もすぐ分かるようになっています。オープンで、コミュニケーションの良い職場だと感心しました。

私は、経営はいかにしてみんなの結束力を高めるかというゲームだ、と考えています。スポーツに例えるならば、連係プレーが必要なサッカーのようなものです。役員も、社員も、パートさんも、さらには取引先の方がたも含めて、みんなのパワーを結束させて、一つの方向に向けさせることが経営者の務めだと思います。一人ひとりが分散してしまえば、パワーは弱くなります。全員が一糸乱れぬ行動をとる時に、会社のパワーが最大に発揮されるわけです。錐《きり》でも先端が一つに尖っているから穴が開きます。

会社も、同じでしょう。

それを、役員は役員、社員は社員、しかも各人が別の方向に顔を向けていたら、どうでしょうか。一＋一が二にもなりません。会社に関わるすべての人たちの力を結集するためには、コミュニケーションを良くすることが必要です。雑談でもいい、職場を和ませる冗談でもいい、それがコミュニケーションを高め、風通しを良くするものなら大歓迎です。ですから、私は協調心というものを大事にしています。力を結集するのに不可欠なものだからです。

最近は、効率がいいとかで、在宅勤務を導入する企業が増えているようです。でも、私に言わせると、これは間違いです。働く人たちのさまざまな要望もあるでしょうが、会社経営から見たら、パワーを分散していることになるからです。

同じように、分社化にも反対です。分社して独立させた方がモチベーションが上がるという意見もありますが、冷静に考えればパワーを分散させることにつながっています。大きな企業になれば、やむを得ないこともあるでしょうが、私自身は分社化は行わないことに決めています。

第四章

経営者は教育者でなければならない

幸せになりたかったら、人から感謝されることをやる

最近の教育には、憂うべきものがあります。親も学校も、本当の教育をしていません。偏差値を上げるとか、いい大学に入るとかは、二義的な問題です。一番大切なのは、「人間はどう生きるべきなのか」「どう生きるのが正しいのか」ということを、教えることです。

先ごろ、国際的に見て、日本の子供の学力が下がったと大騒ぎになりました。文部科学省は、「ゆとり教育」の欠陥を認めて、学習強化の方向に舵《かじ》を切り直しました。

しかし、テストでいくら良い点が取れるようになっても、それで国際的な競争力が付いたと言えるでしょうか。

何が正しいのか、どう生きるべきか――これを感じ取っている国民がど

れだけいるかというのが、真の国際競争力だと思います。これほど豊かになった日本社会で、年に三万人近い自殺者がいることは異常です。やはり、教育が間違っていると言わざるを得ません。学力の国際競争力をウンヌンする以前の問題です。

「幸せに生きる」ということが、人生の目的でもあり、人間の権利でもあり義務でもあります。私は、そう信じています。だから、貧しくても、病気に罹っても、嫌なことがあっても、人間は生きなければいけないのです。こんな当たり前のことさえ、学校では教えなくなりました。

会社に入ってくる若い社員は、素直です。昔みたいに喰うや喰わずで育ってくるとさまざまな悪知恵が発達しますが、今の若者はそうしたところが少なくなりました。その意味では、上手く導けば、正しい方向へスーッと向かっていきます。

逆に「儲けることが正しい」と教育すれば、それに染まってしまいます。

ホリエモンことライブドアの堀江貴文元社長などは、その典型例でしょう。ホリエモンは「時価総額世界一の会社をつくる」という大志を抱いていたようです。しかし、これは大志ではありません。そこに、公《おおやけ》に奉仕するという精神がないからです。公のためどころか、社会を欺いても自分が良ければそれでいいということでしょう。いくら東大を出ても、正しい心がなければ駄目ということです。自分のことだけ考えることは野心だと思います。

人が幸せになる一番の方法は、大きな会社をつくることではありません。お金を儲けることでもありません。それは、人から感謝されることです。人のために何かして喜ばれると、すごく幸せな気分になるでしょう。そのことを仏教では「利他」と言います。幸せになりたかったら人に感謝されることをしなさい、ということです。

私は半世紀以上に亘って会社を経営してきましたが、人のためになることをして損をしたことは一つもありません。むしろ、もっと大きくなって自分のところに返ってきます。これは経験から、確信をもって言えることです。

かんてんぱぱホールでは、画家や陶芸家の作品展を開きます。素晴らしい作品を展示できるので、当社ではできるだけ広告宣伝に努めています。歩道橋に横断幕をかけたり、新聞に広告を出したりするのです。なんとか、作品展を盛り上げて差し上げたいと考えてのことです。

費用はかかりますが、お客様にも芸術家の方にも喜んで頂けました。当社にとってもイメージアップになりますし、時にはお礼として作品を寄付して頂くこともあります。これも「利他」がもたらしてくれた恩恵です。

会社は教育機関、経営者は教育者でなければならない、というのが私の持論です。人事権という強い力を持つ会社は、社員の教育もしやすいはずです。また、採用した社員をしっかり教育することは、社会貢献にもつながります。

「立派」とは、人に迷惑をかけないこと

経営者は教育者であらねばならない――

そう考える私の教育の目的は「立派な社会人」をつくることです。こう述べると、読者の方はきっと「立派とは、どういうことだろう？」と疑問を持たれると思います。

政治家として、名を馳《は》せることでしょうか。ビジネスに成功して、お金をたくさん稼ぐことでしょうか。大きな財産を得ることでしょうか。私は違うと思います。

私が言う「立派」とは、人に迷惑をかけないということです。迷惑をかける人は、「悪い人」になります。人や社会に迷惑をかけない人が、「立派

な人」です。ただし、この「立派」には、三段階あります。

まず「小さな立派」ということがあります。これは、単に人に迷惑をかけないことです。

「中くらいの立派」は、少しでも人の役に立つことを意味します。迷惑をかけないだけでなく、何かちょっとでもいいから良いことをすることです。家族のため、友だちのために何か役立つことをしても良いのでしょう。

一番立派な「大きな立派」は、大勢の人、社会の役に立つことです。家族や友人以外の知らない人も含めた大勢の人に対して、良い行いをするわけです。この「大きな立派」を心がけている人には、大きな幸せがもたらされるに違いありません。

この「立派」を社員に教育するためには、経営者自らが「立派」であることが求められます。経営者が口だけで「立派」を唱え、実行が伴っていなければ、社員はそっぽを向いてしまいます。

仮に経営者が功なり名を遂げても、その陰でリストラで切り捨てられた社員がいたり、倒産に追い込まれた取引先があるようでは、「立派」とは言えません。社員や取引先に多大な迷惑をかけているからです。

私は「人に迷惑をかけないことが立派」と定義した以上、自ら経営者として会社や社員、取引先など関係するすべての人に、できるだけ迷惑をかけないようにしようと努力してきました。その姿勢に、社員たちが共感してくれると、会社自体も「立派」になってくるだろうと思います。

「迷惑をかけない」というルールは、会社経営でも、商売でも、社会生活でも、実に分かりやすく、すぐに役立つものです。子供にも、大人にも通用します。

小さなことですが、伊那食品工業の社員たちには、スーパーなどに行った時、駐車場では建物から離れた位置に車を止めるように指導しています。少しでも、他のお客様の迷惑にならないようにと、配慮してのことです。

また、朝の通勤時間帯には、マイカーで来る社員たちに、右折して本社敷地に入ることを禁じています。右折しようとすると、どうしても渋滞を招いてしまうからです。多少不便でも、社員たちは大回りをして、左折で入ってきます。地元の人たちも気付いていないかも知れませんが、これも「迷惑をかけない」ことの一環なのです。

こうした小さな積み重ねが、当社のイメージをアップさせることに役立っています。しかし、「人に迷惑をかけない」は、最低限の基準「小さな立派」に過ぎません。さらに、「人のために役立つ」ことを心がけて、「中くらいの立派」、「大きな立派」を目指したいと思っています。

そのためには、経験を積んで身に付けた力も、自分のためだけではなく、人の役に立つように使うことが大切です。人は成長します。徐々に知恵も付くし、技術も高まれば、人脈も広がります。

そうして得た新しい力を、誰かを助けるため、社会を良くするために発揮していけば、その人はより「立派な人」へと成長することになるのではないでしょうか。

新入社員研修は、一〇〇年カレンダーから始まる

当社の新入社員研修は、少し変わっています。スキルの習得などは後回しです。まず、一〇〇年カレンダーを見せることから始まります。一〇〇年カレンダーというのは、文字通り、現在から一〇〇年分の暦が一枚の紙に印刷されたものです。この一〇〇年カレンダーは、社内のあちこちに貼ってあり、社員は一日に何回か目にするでしょう。そして、思いを新たにしているはずです。私は新入社員を前に、こう言います。

「いいか、この一〇〇年カレンダーをよく見てみろ。この中に、君たちの命日が必ずある。私のは、カレンダーの上の方だろう。君たちは、中ほど

だ。でも、必ずこの中にある」

　いきなり命日の話をされて、新入社員たちも面喰らいます。若い時には死をさほど意識しません。だから、時間はタップリあると思っています。しかし、一〇〇年カレンダーを見せることで、人生は限りあるものだということを肌で感じとらせるわけです。

「ここに君たちの命日を入れてみよ。それまでの一度きりの人生を、どう生きるか考えてみろ」「ハワイ旅行に行く時のことを、想像してごらん。一週間しか居れないとなったら、一分一秒を惜しんで、夢中でいろいろなことをやろうとするだろう。ホテルの部屋で、一日中のんべんだらりと過ごすヤツはいないはずだ」

　人生も同じだと思います。いくら若くても、残された時間には限りがあります。だから、生きているうちに、頭を使って、体を使って、やれるだけのことをやらなければ損でしょう。そして、自分が幸せになりたいと思ったら、人に喜んでもらうようなことをしなさい、と話します。前に述べた「利他」の心を持つということです。

一〇〇年カレンダーでピンとこなかったら、一〇〇〇年カレンダーを想像してみてください。私も若い人も、カレンダーの上の方の似たり寄ったりの場所に命日がきます。私たちが生きていられる時間など、僅かなものです。五十歩百歩の人生で、楽を求めて生きるのが本当にいいことでしょうか。

今の世の中は「楽したら得」という風潮が蔓延《まんえん》しています。しかし、これは間違いです。仕事が苦しければ苦しいほど、それを達成した時の感動は大きいものです。人の役に立って感謝されることほど喜びを感じることはありません。一度しかない人生で、こうした感動や喜びを味わわないのは、大きな損をしていることに他なりません。

研修ではさらに「教育勅語」を学びます。戦後民主主義教育の中で、

「教育勅語」は否定されましたが、私は人間の守るべき規範として大切な内容が盛り込まれていると考えています。親孝行、兄弟の友愛、夫婦の和、人格の向上、博愛の心など、日本の伝統的道徳が表されています。これを若いうちに学ぶことは、有益だと思います。

二週間の研修の後、新入社員たちの意識はすっかり変わっています。限られた人生の中で、やるだけのことはやりたいと思うわけです。会社に働かせられているんじゃなくて、「働かなきゃ損だ」と考えるようになります。

社員たちが、「会社を儲けさせるために働いているんじゃない、自分たちの幸せのために働いているんだ」と本当に納得したら、彼らは自ら動き出します。だからこそ、当社の社員たちは誰に言われなくても、朝早く来て掃除をするのです。頭を使って、体を使って動かないと、人生で損をすると分かっているからです。

当社では、「整理、整頓、清掃、清潔、しつけ」という「基本の5S」を、新入社員に徹底的に叩き込みます。いずれも体を使って行うことです。「動かなきゃ損」と分かってくると、社員たちの飲み込みも早くなります。どれもできて当たり前のことばかりですが、このような凡事さえできないようでは、いくら高邁《こうまい》な経営戦略を掲げても無意味です。「基本の5S」は、人間の基本でもあり会社の基本でもあるわけです。

採用で最も重視するのは「協調力」

社員を採用する時に、私が最も重視するのは「協調力」です。どんなに優れた能力を持っていても、どんなに高い学歴を持っていても、この協調力が欠けているような人間は採用しません。

協調力というのは、周りを思いやる気持ち、支え合おうという精神です。

ですから、協調力のある人間は日常の注意力が高いはずです。気配りも、その一つです。朝、元気に「おはようございます」と言われれば、誰でも気持ちがいいでしょう。ちょっとした休みに、冗談を言って周りを和ませるのも大切なことです。自ら進んで掃除をするのも、協調力の表れです。

このように一見仕事とは関係ない行いでも、当社では評価することになっています。こうした方針は、入社を希望して来られた方がたには、すべてお話しします。なかには怪訝《けげん》そうな顔つきの人もいますが、多くの人は共感してくれます。なかには、涙ぐむ方さえいます。

伊那食品工業の社員は、ファミリーであることを理解して、入社して頂きたいと思います。ファミリーですから、組合もありません。必要ないのです。惜しくも採用されなかった方にも、人事担当から直筆の手紙を出します。入社したいと考えられたくらいですから、当社に何かしらの思いがあるはずです。採用はできなかったが、当社のファンになって頂きたいと願って、手紙を出しています。

当社では、途中で辞める人はほとんどいません。さらには、パートさんから正社員になって頂く場合もあります。本人にやる気があって、協調力を含めた広い意味で優秀な方には、正社員に登用する道が開かれています。正社員に採用された人は「私ごときが」と喜び、さらに一生懸命働くようになります。その姿を見たら、前からの正社員や新入社員も頑張らざるを得ないわけです。ここにも、好循環が生まれます。

採用に際しては、学歴は問いませんが、簡単な常識テストは実施します。「日本地図を描いてください」というようなものです。しかし、これが意外に描けません。特に女性は苦手なので、酌量しています。毎日、天気予報などで日本地図は目にしているはずなのに、なぜ描けないのでしょうか。ここに、その人の問題意識の高さ低さ、注意力の優劣が表れると思います。

机上で学んだだけの知識では、実際の仕事では役立ちません。知識は知識でしかないのです。必要なのは、知恵です。知恵とは、知識＋経験です。知識と経験が一緒になって発酵しないと知恵は生まれません。同じ経験をしても、注意力がある人は、多くの知恵を得ます。だから、注意力が大切なわけです。

私は、人を評価する場合、能力ではなく努力を見るようにしています。能力の差を言うのではなく、その能力を使ってどのくらい精一杯努力しているかが重要だからです。

世の中の成果主義、能力主義は、能力さえ見ていません。ただ、結果を評価するだけです。努力など考慮もされないでしょう。これでは、周りを生かすとか、会社全体のことを思う気持ちは育まれません。いつまで経っても、協調力も注意力も高まらないでしょう。そんな会社が永続できるとは、とても思えません。

当社の研究開発部門の壁には「セレンディピティ」という言葉が掲げら

れています。あてにしていなかった物を偶然に見つけ出す才能、言わば「掘り出し上手」という意味です。開発能力の核心をついていると思い、大切にしています。

この「セレンディピティ」は研究開発部門のスタッフだけでなく、どんな社員にも持ってもらいたい能力です。社員一人ひとりが「セレンディピティ」を発揮すれば、会社は宝の山となります。周りのことを思いやり、その中で小さなことに気付くことで、「セレンディピティ」は発揮されるのです。

「コンプライアンス」という言葉は大嫌い

ここ一〇年で、「コンプライアンス（法令遵守）」がうるさく言われるようになりました。なぜ、わざわざ「コンプライアンス」が強調されなければばならないのか、私には不思議でなりません。法律を守ることなど、今さら言われなくとも当たり前のことでしょう。一流企業が、会社の方針として「コンプライアンス」を掲げる姿には、唖然《あぜん》とさせられます。敢えて「コンプライアンス」を主張せざるを得ないところに、今の企業社会の病巣の深さを感じます。

はっきり申せば、私は「コンプライアンス」という言葉が大嫌いです。一つには、こんな当然のことを言われなくてもいい、という思いがあります。もう一つは、「コンプライアンス」という言葉が独り歩きして、「何でもかんでも法律どおりに行わなければならない」という具合になるからです。

法律には、それをつくった目的があります。それを忘れ、ただ条文に違反したとして取り締まるような世の中が、いいはずがありません。法律はあくまで基準、目安なのです。ケースバイケースで、運用や解釈に幅を持たせてこそ、法律は実社会で生きてきます。それを杓子定規に取り扱うと、社会のためにならないことも、法律に合わせるために行われることになります。当社でも、こんなことがありました。

伊那食品工業の本社敷地の中央に、広域農道が走っています。その道路を広げる際に、歩道の部分に以前から生えていた大きな松の木が何本か引っかかりました。役所は「規則だから切る」と言いましたが、私は止めさせました。松の木はそのままでも、歩道のスペースは十分取れます。景観を考えても、環境を考えても、残すべきだと思ったのです。役所は「規則だから。そうしないと補助金が下りない」と話していましたが、私は「そんなことがあれば、私が金を出す」と押し返したのです。

同じようなことですが、土手に桜の木を植えようとした時にも、「待った」がかかりました。土手の土地は、国の持ち物でした。国が許可しないと、「木を植えることはまかりならん」という具合です。景観や環境のためには良いことでも、法律で縛られて思うに任せません。

はなはだしいのは、支店の社員が公園のトイレを掃除した時です。役所から「あなたたちが掃除をすると、失業者が出る」と言われたのです。この時はやむを得ず引き下がりましたが、次に公園に花を植えようと考えました。ところが、今度は「花を植えるのには許可がいる」と言われたのです。善行さえ遮《さえぎ》ってしまうのでは、一体何のための規則なのでしょうか。

まだ、あります。かんてんぱぱガーデンの中には、美味しい地下水を汲み上げている場所が二ヵ所あります。近くの住民たちも、ポリタンクを持参して、この井戸水を自由に汲んでいきます。この水をガーデン内にあるレストランで使おうにも、現在の法律では「殺菌しないと使用してはいけない」ということになっています。美味しい水に、わざわざ塩素を入れて不味《まず》くしろとは、どういうことでしょう。

法律も条例も規則も、人びとが幸せになるためにあるものです。なかには悪い人もいるから取り締まらなければならないでしょうが、善行まで許可しないというのは、おかしな話です。

例えば、ある池があって、その前に「立ち入り禁止」の札が立っていたとします。今、その池で子供が溺れていたら、どうしますか。「立ち入り禁止」に従って、見ているのが正しいのでしょうか。違います。飛び込んでいって、溺れている子供を救うのが正しいはずです。

すべてが「コンプライアンス」の一言で済まされてしまうことに、私は強い不満と不安を抱いています。

「人間の幸せに直結することは法律を超えて正しい」という国民意識が生まれることが大切だと思います。

逆境は人を育てる

逆境は、人を育てます。私を育てたのは貧乏です。私は一九三七（昭和一二）年生まれです。終戦の時は八歳で、この年プロの洋画家だった父が四〇歳の若さで他界しました。残された兄弟五人の子供を、母は女手一つで育てたのです。

母はよく「父のように芸術家にならないで欲しい。大人になったら一人前の暮らしができるようになって欲しい」と私に言っていたものです。仕事に出かけねばならない母に代わって、小学生の私が家事一切を引き受けていました。そのために、学校を休むことも多く、一度学校へ行き、家事のために帰ってきて、再び学校へ行くということもありました。戦後、食べ物が乏しい時期で、わずかにあった田畑を弟と耕したことを覚えています。

なんとか中学を卒業して、アルバイトをしながら高校へ通うようになりました。しかし、過労と栄養失調から肺結核に罹り、中退を余儀なくされたのは前述のとおりです。貧乏のどん底で、死ぬかも知れない病に冒されたのです。

辛く苦しい日々を過ごしましたが、悪いことばかりではなかったと思います。あの逆境は、私に人間としての基礎を築いてくれたのです。貧しさ、辛さ、苦しさ、悲しさというものは、人を育てます。

ひどい境遇を体験したからこそ、人の痛みや苦しみが理解できるのです。人の情けも身にしみて分かるようになるし、ささやかでも希望を持つことの大切さも分かるようになりました。これは理屈ではありません。経験しないと、分からないことです。

幼い頃、貧しさや病苦を味わったお陰で、私は「人間を大切にする経営をしよう」という強い決意が持てました。伊那食品工業も創業してしばらくは貧乏な会社でした。その中でも、仲間を大切に、取引先に迷惑をかけないように、と懸命に努力したものです。少し余裕が持てたからといって、自分だけがいい思いをして、かつてお世話になった方がたや社員たちを置き去りにするようなことは、決してやるまいと心に決めています。

肺結核から立ち直った時、私は「もう何も贅沢は言わない。ただ一生懸命に生きます」と誓いました。伊那食品工業に入社して、土日もなく毎日十数時間働きました。苦労とは思いません。働けるだけで幸せだったからです。

今はモノが豊富になり、物質的な苦労は少なくなりました。ですから、若い人は自ら求めて、苦労を背負うことが必要です。困難を自ら求め、逆境を切り開く体験は、きっと人間を強く大きくしてくれることでしょう。

最近の若い人は、「楽することが得することだ」とばかりに、次つぎと楽を選ぼうとします。一度会社に勤めても、「もっと楽でもっと給料のいいところはないか」と考えています。そして、転職先が見つかると、サッサと移ってしまいます。

ある若い人が「自己実現ができないような会社にしがみついているのは、負け組だ」と言っていましたが、そういう人はいつまで経っても自己実現できません。

「自分で努力して、この会社を変えてやる」くらいの気構えが欲しいものです。自分で、自己実現できるような会社にするわけです。そう思って頑張っていると、気が付いた時には役員になっていたりするものです。

自らたいした努力もせずに、会社のせいにして、不満ばかりを口にしているような人は、人間としての基礎ができていないということです。私は「貧乏のまま終わったら、自分の人生がみじめだ」と思って、自分で自分の人生を変えようと努力しました。

若い人には「自分で変える」という気概を持って欲しいと思います。

企業価値を測る物差しは「社員の幸せ度」

これからの社会は、価値観を大きく変えなくてはいけないと思います。企業社会にしても、これまでの売上げランキングや利益ランキングに代わる新しい物差しが必要です。この本でこれまで述べてきたように、私は「会社は社員を幸せにするためにある。それを通じて社会に貢献するためにある」と考えています。

ですから、企業の価値を測る新しい物差しとして、「社員の幸せ度」というものをつくれないかと、真剣に考えています。少なくとも、私は漠然としたものですが、「社員の幸せ度」を目安にして経営に当たってきました。

こう考えていくと、幸せなのは社員だけでいいのか、下請企業の人たちはどうか、取引先の人たちはどうか、お客様はどうか、と広がってきます。日本社会はどうか、さらには世界はどうか、まで発展していくでしょう。

分かりやすい話にすると、自分は儲けている経営者でも、回りまわって遠くの親戚にワーキングプアの人が出るようでは、幸せをつくり出しているとは言えません。日本だけが発展しても、世界に貢献していないようでは、いずれ総スカンを喰うことでしょう。最近では、地球環境への貢献も大切になってきました。

一つの企業、特に当社のような中小企業のできることには限界があります。しかし、小さいながらも正しい方向に向かいたいと考えています。一つひとつは小さくても、たくさん集まれば大きな力になるはずです。

例えば、多くの日本企業がこの間、生産基地を中国に求めました。それらの企業の売上げは伸びたでしょうし、利益も上がったでしょう。しかし、生産基地を中国に移したことで、日本では失業者が増えました。これでは、国民は豊かになるはずがありません。

日本国内には、価格の安い輸入品が増えました。一見、消費者には良いことと思えますが、本当にそうでしょうか。それに伴って、従来の製品の価格も下がりました。つまり、付加価値が下がったということです。今の日本は、どんどん付加価値が下がっている状態です。これでは、会社も社員も豊かにはなれません。どなたか、日本全体の付加価値の推移を調べて欲しいものです。

では、日本はこれから、どうすればいいのでしょうか。

私が考える一つには、観光立国があります。「モノづくり大国」から、「観光大国」へ。これが、今後日本が生きていく一つの方向ではないでしょうか。

かんてんぱぱガーデンも、そうした発想の下に力を注いできました。長野の田舎にある寒天メーカーに、年間三五万人もの観光客が来ることになるとは、最初は思いも寄りませんでした。しかし、約三〇年間かけてコツコツとガーデンを充実させていくうちに、気が付いたらそうなっていたのです。

今や、かんてんぱぱガーデンは、当社のイメージアップに大きな役割を果たすようになりました。ガーデンを訪れてくれたお客様が当社のファンになってくれて、製品も買ってくれるようになったのです。きっと、日本を訪れた観光客が日本を気に入ってくれたら、日本の製品を買ってくれることでしょう。これが、私の言う観光立国です。

そうした観光を実現するには、五つの要素が必要です。

第一に、見るに堪えるものがなくてはなりません。第二に、買う楽しみがなければなりません。第三に、美味しい食べ物がなければなりません。第四に、学びがなければなりません。第五に、癒しがなければなりません。

この五つが揃えば、素晴らしい観光が実現すると思います。日本国中の企業が、こうした観光を志せば、見事な観光大国が生まれると思います。

「凡事継続」のためには、常に改革を心がける

凡事継続――。物事は継続することが大切です。こう説く人はたくさんいますし、私もそう考えていることは既に述べました。ここで勘違いしてはいけないのは、継続とは同じことの繰り返しではないということです。同じことを繰返していると、物事は続きません。

当社で四五年続いている社員旅行も、同じ旅行を繰り返していたら続かなかったでしょう。毎年、毎年、何か新しい試みを加えるから、社員たちも楽しんで続けようと思うわけです。毎日の朝礼でも、ラジオ体操でも、常に改革しています。もっと良くなるように、みんなが知恵を出し合って

変えていきます。そうしないと、継続しないのです。

会社を永続させることも同じです。会社を永続させるためには、常に改革し続ける必要があります。新しい経営手法、新しい商品、新しい技術、新しいサービスと、どんな部門であっても、改革の波を絶やさないように心がけることです。

社員や役員を見ていると、「常に改革を行う」ことが得意な人と、苦手な人がいることが分かります。ある程度、生まれつきの性格ではないかなあと思うこともあります。しかし、どんな小さな会社であっても、トップは常に改革を目指さなければなりません。後継者を育てる場合、何よりもこの「改革する」という癖を付けさせることが重要でしょう。

小さなことからで、いいのです。会議の内容によって、テーブルや椅子の配置を変える。自分のデスクの位置を変える。置いてある花を変える。壁に掛けてある絵を変える。そういうことから始めたら、誰でもできると思います。

「そんなこと、何になるのか」とバカにする読者もいるでしょうが、「なぜ、それが、そこになくちゃいけないのか」と考える習慣を持つことは、仕事でも役に立ってきます。その「なぜ」が、改革の第一歩だからです。

下駄が靴に取って代わられた時、下駄をつくっていた職人さんは、なかなか靴職人に変われませんでした。下駄を売っているお店も、思いのほか靴のお店に変わりませんでした。同じ履物を扱う商売なのに、上手く変化に対応できなかったのです。

「下駄と靴では全く違うものだ」と諦めてしまっては、そこで終わりです。履物のことや人間の足のことを全く知らない人に比べれば、下駄の仕事をしていた人は遥かに靴の仕事に馴染《なじ》みやすかったはずです。

本来であれば、時代の変化に応じて、「下駄から靴へ」仕事を変えていくのは、改革の成功事例にならなければいけなかったと思います。

それができなかったのは、変えるべきものと変えてはいけないものが分からなくなったからでは、ないでしょうか。変えるべきは「下駄から靴」という商品です。変えてはいけなかったのは、「人びとに快適な履物を届ける」という商いの理念です。

商品やサービスは時代に合わせて改革しても、その会社の基本的な理念は変えてはならないのです。創業の精神、企業理念というものは、言わば会社のＤＮＡです。自分たちがつくろうとした「理想の会社像」「会社の使命」と言えます。そこを否定したら、会社の存在意味がなくなります。いや、存在そのものさえ危うくなるでしょう。

常に改革を心がけながら、会社の基本的な理念は守り続ける。これを実行していくのは難しそうに見えますが、私に言わせれば簡単です。遠きをはかっていればいい、これだけです。会社の原点は動かさずに、何年か先を見て仕事を進めていけばいいわけです。判断に迷った時は、原点に帰ります。「原点回帰」です。

原点、つまり経営の理念は社員全員で共有し、具体的な仕事では各人が個性を発揮できるようになることが理想です。

現在のように経済環境が悪い時ほど、「原点回帰」が大切になってきます。原点を見つめ、遠きをはかる——。その先に、会社の永続も社員の幸せも見えてくるものだと思います。

おわりに

最近、嬉しいことがありました。偶然にも、二つのレストランで同じようなことを言われたのです。

「伊那食さんの社員の方はすぐに分かりますね。食事のマナーや後片付け、うちの店員へのいたわりを見ていると、分かるんですよ」

当社の社員たちを、私は誇りに思いました。社員たちは社会人として立派であり、私も社員たちに敬意を払っています。

会社経営をする中で、会社は何のためにあるのか、人間は一度の人生をどう生きたらいいのか、深く考えるようになりました。人生の目的は、幸せになることです。経営者の目的も、社員を幸せにすることです。そのためには、何をすればいいのか。

私にだって、欲もあれば夢もあります。時どき、伊那食品工業の本社を東京・銀座の真ん中に構えていたらどうなっただろう、と思います。きっと、物欲や名誉欲に惑わされていたに違いありません。伊那谷の豊かな自然に囲まれていたから、低成長志向の「年輪経営」に思い至ったのかも知れません。

年輪は永続の仕組みを表しています。木は天候の悪い年でも、成長を止めません。年輪の幅は小さくなりますが、自分なりのスピードで成長していきます。「天候が悪いから成長は止めた」とは言いません。会社も一緒で、環境や人のせいにすることなく、自分でゆっくりでもいいから着実に成長していきたいものです。これが「年輪経営」の真髄です。

本書では、私なりに考え実践してきた経験から、会社経営のあり方を述べてみました。もしかしたら、世の中が好景気でイケイケドンドンとばかりに、企業が右肩上りの時代には、私が言うことなど振り向かれないかも知れません。しかし、そのような好況の時代でも、私は「年輪経営」を志してきました。

最近、伊那食品工業の会社経営に対して、世の中の関心が高まっていることを感じます。当社を訪れる企業の方が増えているからです。

中小企業に限らず、トヨタグループの会社、ローソン、日本生命、東京海上日動火災、日立電線、帝人、村田製作所などの大企業の役員や管理職の方、さらにはサービス日本一と言われるホテル、ザ・リッツ・カールトンの日本支社長も、当社を視察に訪れました。

多くの企業が、それぞれの「本来あるべき姿」を見つめ直して、この困難な時代を乗り越えていかれれば、きっと社員は、そして社会は幸せに向かっていくだろうと信じています。

本書をお読み頂いて、ありがとうございました。

おわりに

塚越寛

伊那食品工業

1958年、長野県伊那市に業務用粉末寒天の製造会社として創業する。現在は、業務用に加え、家庭用「かんてんぱぱ」ブランド、外食向け「イナショク」ブランド、さらにファインケミカル分野へと市場を開拓。取り扱い品目は1000種類を超える。1970年代から、現地資本による韓国、チリ、モロッコ、インドネシアの協力工場の技術指導を行い、グループ企業として育成してきた。この努力は、寒天の安定供給にもつながっている。

創業以来、48年間増収増益を達成し、2013年度の年商は約176億円(自己資本比率73%)、従業員数は約480名。優良企業として、「グッドカンパニー大賞グランプリ」「日本環境経営大賞最優秀賞」など数多くの表彰を受けている。

1980年代から約3万坪に及ぶ本社敷地を「かんてんぱぱガーデン」として整備してきた。赤松の巨木をはじめとして、つつじ、あじさい、多くの山野草が生えている。年間35万人の来客がある人気観光スポットとなっている。

1958年	伊那食品工業設立
1973年	業界初の排水処理装置を自己技術で建設
1980年	家庭用「かんてんぱぱ」シリーズ発売
1987年	「かんてんぱぱガーデン」の整備に着手
1995年	寒天製造を通じ科学技術振興の功績が認められ、塚越社長が科学技術庁長官賞受賞
1996年	同じ理由で、塚越社長が黄綬褒章を受章 寒天カスのリサイクル推進の功績で、農林水産大臣賞を受賞
2002年	多目的ホール「かんてんぱぱホール」をガーデン内に開設
2006年	農業生産法人「ぱぱ菜農園」設立。48期連続の増収増益が評価され、グッドカンパニー大賞のグランプリを受賞
2007年	インドネシアの海藻業界への貢献で、同国政府から功労賞を受賞
2008年	創立50周年。日本環境経営大賞の最優秀賞の環境経営パール大賞を受賞
2011年	塚越会長が旭日小綬章を受章

知恵の森
KOBUNSHA

リストラなしの「年輪経営《ねんりんけいえい》」
いい会社《かいしゃ》は「遠《とお》きをはかり」ゆっくり成長《せいちょう》

著　者――塚越　寛（つかこし ひろし）

2014年　9月20日　初版１刷発行
2024年　12月15日　　12刷発行

発行者――三宅貴久
組　版――萩原印刷
印刷所――萩原印刷
製本所――ナショナル製本
発行所――株式会社 光文社
東京都文京区音羽1-16-6 〒112-8011
電　話――編集部(03)5395-8282
書籍販売部(03)5395-8116
制作部(03)5395-8125
メール――chie@kobunsha.com

ISBN978-4-334-78657-1　Printed in Japan